KB094489

비례로 바람 왕국의
다섯 열쇠를 찾아라!

비례로 바람 왕국의 다섯 열쇠를 찾아라!

글 황덕창 | 그림 최희옥

㈜자음과모음

차례

책머리에

　자연은 정교하게 만든 거대한 기계처럼 착착 돌아가고 있습니다. 1년은 봄, 여름, 가을, 겨울로 나뉘고, 동식물은 자연의 시간표에 맞춰 생활합니다.

　봄이 오면 식물들은 잎을 틔우고 꽃도 피웁니다. 동물들도 이때는 활발하게 활동합니다. 특히 곤충들은 꽃들을 옮겨 다니면서 열심히 꿀을 빨아 먹는데, 이 과정이 식물에게는 번식을 위해 아주 중요합니다.

　여름에는 장마와 태풍 같은 무시무시한 자연현상들도 일어나지만, 뜨거운 햇빛 덕분에 식물들은 에너지를 만들고 열매를 맺을 준비를 하며 견딥니다.

　가을이면 열매가 맺히고, 나뭇잎은 알록달록한 단풍이 되었다가 이내 낙엽이 되어 떨어집니다. 동물들은 이것저것 많이 먹으면서

비례로 바람 왕국의 다섯 열쇠를 찾아라!

살을 찌웁니다. 다가올 겨울에는 먹을 것을 구하기 어렵기 때문에 미리 몸속에 에너지를 많이 쌓아 두는 것이죠. 또한 지방층이 두터워지면 추위를 더 잘 견딜 수 있습니다.

겨울이 되면 모두 잔뜩 움츠러들고 에너지를 아끼면서 추운 날을 견딥니다. 다시 찾아올 봄에 푸른 잎과 예쁜 꽃을 활짝 피울 꿈을 꾸면서요. 동물들도 대부분 움츠러드는데요. 따뜻한 곳에 굴을 파고 겨울잠을 자기도 합니다.

한편 생물이 살아가기 위해 꼭 필요한 물과 공기는 어느 계절이든 다양한 모습으로 자연을 돌아다닙니다. 물은 하늘로 올라가서 구름이 되고, 구름은 비나 눈이 되어 다시 땅으로 돌아옵니다. 공기가 움직이면 바람이 부는데 더운 여름을 시원하게 해 주는 산들바람부터 엄청난 피해를 일으키는 태풍까지 종류도 다양합니다.

　이렇듯 복잡한 시스템이 착착 맞아 돌아가면서 수많은 자연현상을 일으키고 생물들은 그 속에서 적응하며 살아가고 있습니다. 물론 사람도 해당되죠.

　많은 과학자가 자연의 신비로운 시스템이 어떻게 돌아가는지 밝혀내기 위해 무수한 노력을 기울였습니다. 그 덕분에 우리는 자연에 대해서 옛날보다 훨씬 더 많이 이해하고 있습니다. 하지만 여전히 수많은 자연현상과 생물은 신비한 존재로 남아 있습니다. 여러분이 과학자를 꿈꾸고 있다면 자연과 생명의 신비를 밝히는 일에 도전해 보는 것도 정말 신나고 보람된 일일 거예요.

　수많은 동식물이 살아가면서 관계를 맺고, 도움을 주고받으며 자연과 함께 살아 나가는 곳이라면 역시 숲이겠죠. 크고 작은 나무와 풀, 꽃 그리고 다양한 동물, 버섯, 곰팡이 등 정말로 수많은 생물

이 숲속에 있습니다. 작은 연못이나 개울이 있다면 물고기를 비롯해 여러 가지 물속 생물도 있겠네요. 이제 우리는 장풍이와 하늬, 돌개 그리고 바람 왕국의 사이클론 왕자와 함께 신비한 숲으로 여행을 떠나려고 합니다.

  처음 가 보는 낯선 숲에 발을 들일 때에는 어떤 신기한 것들이 있을지 두근거리고 호기심이 가득하기 마련입니다. 한편으로 혹시 위험한 동물이라도 있으면 어떡하지 싶어 조금은 무섭기도 합니다. 그래도 자연과 생물에 대해서 더 많이 알고 배우는 데에 숲만큼 좋은 곳은 없을 거예요. 장풍이 친구들과 사이클론 왕자가 안전하게 지켜줄 테니, 지금부터 조심스럽게 숲속으로 들어가 볼까요?

황덕창

등장인물

장풍이

공부보다 노는 게 더 좋은
열세 살 소년.
여름방학을 맞아 할머니 댁에 놀러 갔다가
엄청난 폭풍우를 맞닥뜨리고,
집 근처로 휩쓸려 온
사이클론 왕자를 발견한다.
왕자를 집으로 돌려보내기 위해
바람의 숲으로 모험을 떠난다.

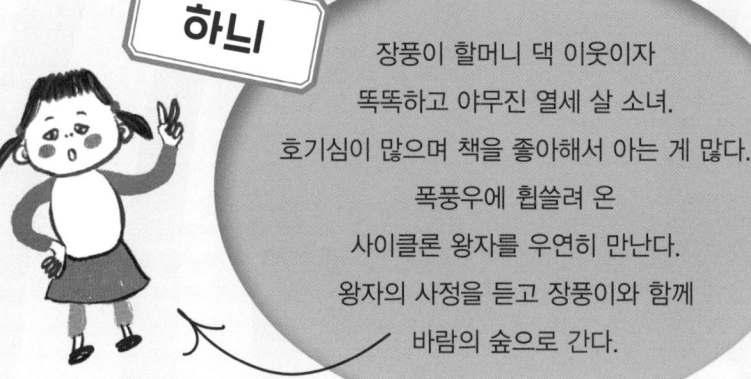

하니

장풍이 할머니 댁 이웃이자
똑똑하고 야무진 열세 살 소녀.
호기심이 많으며 책을 좋아해서 아는 게 많다.
폭풍우에 휩쓸려 온
사이클론 왕자를 우연히 만난다.
왕자의 사정을 듣고 장풍이와 함께
바람의 숲으로 간다.

돌개

하늬가 기르는 강아지.
작고 귀엽지만 주인과 마찬가지로
호기심이 많으며 냄새를 잘 맡는다.
하늬를 따라서 바람의 숲으로 모험을 떠난다.

사이클론 왕자

바람 왕국의 왕자.
공부보다 노는 것을
더 좋아한다는 점에서 장풍이와 판박이다.
놀기만 하다가 아빠 허리케인 왕의
노여움을 사고, 폭풍우에 휩쓸려
장풍이 할머니 댁 근처에 떨어진다.
여러 가지 신비한 능력을 가지고 있다.

허리케인 왕

바람 왕국의 왕.
책임감이 강하지만 성격이 불같아서
화가 나면 폭풍우를 일으키기도 한다.
왕이 되기 위한 공부는 게을리 하고 놀기만 좋아하는
아들 사이클론 왕자 때문에 늘 고민이다.

프롤로그

"우와, 정말 시원하다!"

장풍이는 자동차 창문을 열고 신나게 소리를 질렀다. 장풍이는 엄마, 아빠와 함께 할머니 댁으로 가고 있었다. 장풍이네는 해마다 여름방학이 되면 할머니 댁에 놀러 갔다. 할머니 댁은 산속 한가운데에 있어서 에어컨 없이도 무척 시원했다.

게다가 집 앞에 흐르는 개울은 한여름에도 발을 담그면 찌릿찌릿할 정도로 차가웠다. 수박을 개울에 담가 놓으면 냉장고 저리 가랄 정도로 시원했다. 그래서 장풍이는 개울에 발을 담그고 수박을 먹는 것을 정말 좋아했다.

"장풍아, 그만 창문 닫아!"

　조수석에 있는 엄마가 얼굴을 찌푸렸다. 바람이
차 안으로 들어오면서 긴 머리카락이 날리는 바람에 엄마는 머리
가 엉망이 되었다. 하지만 장풍이는 마냥 들떠서 엄마 말을 듣는
둥 마는 둥 했다. 할머니 댁에 도착하려면 아직 한 시간 반 정도가
남았다.

　"이런, 기름이 얼마 안 남았네. 집까지 갈 수 있으려나?"

　아빠가 기름이 얼마 남지 않은 것을 보고 이야기했다.

　"중간에 주유소 들러서 기름을 넣는 게 낫지 않아요?"

　"그러는 게 좋긴 한데……."

도시에서 멀리 떨어진 시골이라 한 시간은 더 가야 주유소가 나온다. 기름이 떨어지기 전에 주유소까지 갈 수 있을까?

"이 차의 연비가 1L당 8.6km란 말이야. 남아 있는 기름이 6.5L이고, 가장 가까운 주유소까지는 57km가 남았는데……."

아빠는 은행에서 일하고 있기 때문에 계산이 무척 빠르다. 아빠는 남은 연료로 주유소까지 갈 수 있는지 계산을 시작했다.

"장풍아, 우리가 주유소까지 갈 수 있을까, 없을까?"

"네?"

시원한 바람을 맞으면서 경치 구경에 한창이던 장풍이는 아빠 말에 정신이 번쩍 들었다.

"잘 들어봐. 이 차는 연비가 8.6km이고, 지금 남아 있는 기름이 6.5L야. 주유소까지 57km가 남았는데 기름이 떨어지기 전에 도착할 수 있을까?"

"으음, 갈 수 있지 않을까요?"

"정말? 계산해 본 거야?"

"그런 건 아니에요. 그냥 느낌이 팍 오는데요."

"남아 있는 기름으로 몇 km를 더 갈 수 있는데?"

"글쎄요, 그건……."

엄마가 한숨을 쉬었다.

"학교에서 다 배웠을 텐데, 모르겠어?"

"학교도 아니고 차 안에서 그런 계산을 어떻게 해요."

너무나 당당한 장풍이의 말에 엄마는 기가 찬 표정을 지었다.

"소수와 소수를 곱해야 하는 건데 종이랑 펜이 있어야 계산을 하죠. 종이를 놓고 쓸 책상도 있어야 하고요."

아빠가 다시 입을 열었다.

"남아 있는 기름이 6.5L잖아. 이걸 분수로 하면 어떻게 될까?"

"분수로요? 글쎄요……."

장풍이는 골똘히 생각하다가 답했다.

"$6\frac{1}{2}$ 인가요?"

"그래, 맞아. 우선 종이랑 펜이 없어도 8.6×6 정도는 할 수 있겠지?"

장풍이는 머리를 긁적이면서 계산했다.

"80×6=480이고 6×6=36이니까 이걸 더하면……."

갑자기 머릿속이 뒤죽박죽되어 쩔쩔매다 겨우 답을 말했다.

"480+36이니까 516 맞죠?"

"그건 86×6이고, 나는 8.6×6을 물어봤는데?"

"아차차, 소수점을 빼먹었네요. 51.6이죠?"

아빠는 고개를 끄덕이면서 다시 물었다.

"그럼 $8.6 \times \frac{1}{2}$ 은?"

"이건 좀 쉬워요. 반으로 나누면 되는 거니까 4.3이요."

그제야 장풍이는 자기가 답을 풀었다는 사실을 깨달았다.

"51.6+4.3=55.9네요. 와, 풀었다!"

장풍이는 신나서 두 손을 번쩍 들었지만 엄마의 표정은 썩 좋지 않았다.

"좋아할 일이 아닌데. 이 기름으로는 주유소까지 못 간다는 이야기잖아."

생각해 보니 그랬다. 주유소까지 57km가 남았는데 55.9면 겨우 1.1km를 남겨 두고 기름이 떨어져서 더 이상 못 가는 것이다.

정말 주유소까지 1km를 남겨 두고 기름이 떨어졌다. 차 속도가 점점 느려지더니 이윽고 갓길에 멈춰 섰다.

"당신은 그렇게 수학을 잘하면 일찍 계산해 보지 그랬어요."

에어컨도 꺼져 차 밖으로 나온 엄마가 아빠에게 투덜댔다.

"하아, 나도 어쩔 수 없네요."

6.5 L

남은 연료로 갈 수 있는 거리는 8.6km×6.5L=55.9km이므로
주유소(57km)에 도착할 수 없다.

아빠는 전화를 걸어 자동차 보험사의 긴급 출동 서비스를 불렀다. 약간의 기름을 넣고 나니 차는 다시 움직이기 시작했고, 주유소에 도착해 기름을 채웠다. 장풍이네 차는 다시 신나게 달려 드디어 할머니 댁에 도착했다.

"할머니, 저 왔어요!"

"아이고, 우리 장풍이 왔구나!"

"어머니, 늦어서 죄송합니다. 중간에 기름이 떨어지는 바람에……."

해는 이미 뉘엿뉘엿 산 저편으로 넘어가고 있었다. 엄마, 아빠가 미안한 표정으로 인사하자 할머니는 손사래를 쳤다.

"아이고, 미안하긴 무슨! 오느라고 고생 많았을 텐데 어여 저녁 먹자. 장풍아, 네가 좋아하는 닭백숙 해 놨다."

"우와, 진짜요? 신난다! 할머니가 해 주신 닭백숙 정말 맛있어요."

"그럼! 가마솥에다가 푹 고니까 훨씬 맛있지."

"흐, 가마솥은 정말 신기한 것 같아요. 어쩜 그렇게 음식이 맛있게 되는 걸까요?"

"압력 때문이지, 압력."

아빠 말에 장풍이는 더 자세한 이유를 알고 싶었다.

"압력이요? 가마솥의 비밀이 압력이라고요?"

아빠는 고개를 끄덕였다.

"가마솥은 뚜껑이 아주 무겁거든. 그래서 가마솥에 음식을 끓이면 수증기가 바깥으로 잘 빠져나가지 못해. 그냥 냄비에다가 물을 끓이면 뚜껑이 들썩들썩하면서 수증기, 그러니까 김이 뿜어져 나오잖아."

"가마솥은 뚜껑이 무거우니까 김이 잘 빠져나오지 않는 거예요?"

"그래, 수증기가 빠져나가지 못하고 꽉 차면서 가마솥 안의 압력이 높아지는 거야."

"그런데 왜 음식이 맛있어지는 건데요?"

"물이 몇 °C에서 끓는지는 알지?"

"100°C요."

"압력이 높아지면 물의 ★끓는점이 올라간단다. 그럼 더 높은 온도에서 음식을 익힐 수 있어."

"그래서 더 맛있어지는 거예요?"

"그렇지, 같은 시간을 익혀도 온도가 높으면

★ 끓는점
액체가 끓기 시작하는 온도. 물의 경우 100°C다.

수증기가 빠져나가지 못하고 안을 맴돌기 때문에 가마솥 안의 압력이 높아진다.

더 푹 익으니까. 그래서 가마솥으로 밥을 지어도 맛있고, 닭고기를 익혀도 더 맛있게 느껴지는 거야."

"와, 신기해요!"

그때 할머니와 함께 저녁상 차리던 엄마가 핀잔을 주었다.

"여보, 당신은 안 도와줄 거예요? 설명은 그만하고 와서 일 좀 도와요!"

"아차차, 미안해요. 하하……."

장풍이네는 마루에 상을 넓게 펴고 저녁을 먹었다. 할머니가 해 준 닭백숙은 정말 부드러우면서도 쫄깃했다. 삼계탕이나 백숙보다는 프라이드치킨을 더 좋아하는 장풍이지만 어떤 닭고기 요리보다도 할머니가 해 준 백숙이 최고였다.

배가 불룩하게 나올 정도로 먹고 나서, 할머니는 차갑게 식힌 수
박을 후식으로 내왔다. 그때 여자아이의 목소리가 들렸다.

"할머니, 손님 오셨나 봐요?"

"응, 하늬구나. 서울에서 아들이랑 며느리랑 손자까지 내려왔단
다."

"앗, 그럼 장풍이도 왔겠네요!"

"저녁은 먹었니? 와서 수박이라도 같이 먹으려무나."

"헤헤, 그래도 될까요?"

하늬 뒤로 작게 멍멍 짖는 소리가 들려오자 장풍이의 얼굴이 밝
아졌다.

"앗, 돌개구나! 같이 온 거야?"

하늬가 웃으면서 고개를 끄덕였다. 하늬가 키우는 작은 강아지인 돌개가 주인을 졸졸 따라왔다. 돌개는 장풍이를 보더니 꼬리를 흔들면서 반갑다는 듯 뛰었다. 1년 만에 보는데도 장풍이를 알아보는 것 같았다.

장풍이는 돌개를 번쩍 들어 안고는 쓰다듬었다.

"돌개야, 1년 만에 보는데도 나 누군지 알겠어? 헤헤."

"치이, 누가 돌개 주인인지 모르겠네."

돌개가 장풍이한테 얌전하게 안기는 게 섭섭했는지, 아니면 장풍이가 돌개한테만 관심이 있는 게 섭섭했는지, 하늬는 입을 삐죽 내밀면서 투덜댔다.

"가만, 돌개한테 뭐 줄 게 없나?"

장풍이는 주머니를 뒤지더니 초콜릿을 꺼내 돌개에게 주려고 했다. 그러자 하늬가 표정이 확 변하면서 소리를 질렀다.

"안 돼, 주지 마!"

장풍이는 깜짝 놀라서 초콜릿을 떨어뜨렸다.

"아니, 왜 그래? 초콜릿 하나 못 줘?"

"그게 아니라, 개는 초콜릿을 먹으면 안 돼."

"엥, 왜? 이 맛있는 초콜릿을?"

"어휴, 사람은 괜찮지만 개는 초콜릿에 들어 있는 성분 때문에 먹으면 크게 탈이 난다고. 잘못하면 죽을 수도 있어."

"지, 진짜?"

"그래, 돌개가 몇 년 전에 초콜릿 한번 잘못 먹었다가 설사하고 토하고 된통 고생했단 말이야. 동물 병원 의사 선생님 말씀이 초콜릿에는 '테오브로민'이라는 성분이 있는데, 그게 개의 심장이랑 콩팥 같은 곳에 아주 안 좋은 작용을 한대."

"그렇구나, 미안해. 큰일 날 뻔했네."

"모르고 그랬으니까 이번에는 봐줄게. 사람이 먹을 수 있다고 덮

개나 고양이에게는 위험한 카카오

초콜릿 재료인 카카오에는 '테오브로민'이라는 성분이 들어 있다. 이 성분은 심혈관을 확장시키고 심박을 빠르게 한다. 사람은 테오브로민을 쉽게 분해할 수 있지만, 개나 고양이는 이를 분해하는 속도가 매우 느리다. 이 때문에 개나 고양이가 초콜릿을 먹으면 상당히 위험하다.

카카오에는 테오브로민이 들어 있어
개나 고양이에게 위험하다.

비례로 바람 왕국의 다섯 열쇠를 찾아라!

어놓고 개나 고양이한테 주면 안 된단 말이야."

"응, 다음부터 조심할게."

하늬는 산골에 살고 있지만 정말 똑똑하고 야무진 아이다. 자연에 관심도 많고 호기심도 많으며 책을 좋아해서 아는 것도 많았다. 노는 게 가장 좋은 장풍이는 이렇게 아름다운 자연 속에 살면서 실컷 놀고도 똑똑한 하늬가 부럽다는 생각이 들었다.

"어라, 바람이 부네?"

하늬는 갑자기 바람이 강해지는 것을 느꼈다. 조금 전까지만 해도 산들바람이 시원하게 부는 정도였는데, 지금은 머리카락이 날릴 정도로 바람이 강해지고 있었다.

"그러게, 갑자기 왜 이렇게 바람이 강해지지?"

할머니가 걱정스럽게 하늘을 올려다보았다. 어느새 어둑어둑해져서 잘 보이지는 않았지만 구름이 빠른 속도로 몰려오는 것 같았다. 그러더니 이내 강한 바람과 함께 비가 쏟아지기 시작했다.

"으악!"

장풍이는 물론이고 다들 집 안으로 황급히 뛰어들었다. 장풍이와 하늬, 돌개는 장풍이가 지낼 작은 건넌방으로 들어갔다.

굵은 비가 세차게 내리고, 문과 창문이 우르르 큰 소리를 내면서 흔들릴 정도로 거센 바람이 몰아쳤다. 마치 집 전체가 흔들리는 것만 같았다.

"이러다가 문이 날아가는 건 아닐까?"

"그러게, 태어나서 쭉 산골에 살았지만 이렇게 거센 비바람은 처음이야. 그것도 갑자기 몰아닥치는 건 정말 처음이네."

장풍이와 하늬는 등골이 오싹해졌다. 폭풍우는 집을 날려 버릴 것처럼 우악스러웠다.

그렇게 삼십 분쯤 지났을까? 조금씩 비바람이 잦아드는 게 느껴지더니 바깥이 조용해졌다.

"이제 그친 건가?"

장풍이가 조심스럽게 문을 조금 열고 밖을 빼꼼 내다보았다. 언제 엄청난 폭풍우가 몰아쳤냐는 듯 물방울이 처마를 타고 똑똑 떨어질 뿐 거짓말처럼 바람이 잠잠해지고 비도 그쳤다.

다들 조심스럽게 바깥으로 나왔다. 아빠가 하늘을 보면서 어리둥절하다는 듯이 말했다.

"이게 도대체 어떻게 된 거야? 갑자기 비바람이 엄청나게 몰아치더니 이렇게 뚝 그치다니."

할머니가 옆에서 거들었다.

"그러게 말이다. 수십 년을 여기서 살았지만 이런 비바람은 정말로 처음이구나."

돌개가 갑자기 땅에 코를 대고 킁킁거리면서 냄새를 맡기 시작했다. 그러더니 뭔가 있다는 듯이 천천히 바깥으로 나갔다.

"돌개야, 왜 그래? 무슨 일 있어?"

하늬가 이상하다는 듯이 돌개의 뒤를 따라갔다. 장풍이도 궁금해서 하늬의 뒤를 따랐다.

"얘들아, 조심해. 또 비바람이 몰아닥칠지 모르잖니."

걱정 섞인 엄마의 말에 하늬가 대답했다.

"걱정 마세요. 멀리 안 갈게요. 아마 저희 집으로 가는 걸 거예요."

할머니 댁을 나온 돌개는 계속 냄새를 맡으면서 하늬네 집으로 가다가 옆에 있는 풀숲으로 방향을 틀었다. 그곳에는 아까 내린 세

찬 비 때문인지 작은 웅덩이가 있었다.

"음, 이게 무슨 소리지?"

"왜 그래? 장풍아, 무슨 소리가 들려?"

"잘은 모르겠는데 무슨 신음 소리 같은 게 들려."

"신음 소리? 혹시 아까 비바람 때문에 누가 다쳤나?"

"돌개가 가는 쪽에서 나는 것 같아."

비가 그치고 어둡긴 했지만 보름달이 밝게 떠 있어서 어느 정도 주위를 볼 수 있었다. 돌개는 작은 웅덩이 앞에서 걸음을 멈추었다.

"나도 소리가 들리는 것 같아. 정말로 끙끙거리는 소리 같은데."

하늬가 고개를 끄덕이며 말했다. 하지만 주위에 사람의 모습은 보이지 않았다.

"으, 갑자기 무서워진다. 귀신 아닐까?"

"귀신 같은 건 없어! 그동안 밤에 여길 수도 없이 다녔는데."

갑자기 장풍이가 웅덩이를 바라보면서 소리를 쳤다.

"으, 으악! 귀, 귀신이야. 저걸 봐!"

장풍이가 가리키는 곳을 바라본 하늬도 깜짝 놀라서 숨이 턱 막혔다.

"저, 저게 도대체 뭐지?"

1

바람 왕국의 왕자를 만나다

비바람으로 생긴 웅덩이에는 사람 모양을 한 아주 작은 뭔가가 엎어져 있었다. 얼핏 보면 인형 같았는데 분명 살아 움직이고 있었다. 심지어 어디가 아픈지 끄응, 하고 신음 소리를 내고 있었다.

"음, 귀신일지도 모르지만 우리를 해칠 것 같지는 않은데?"

하늬가 이내 정신을 차리고 물끄러미 웅덩이를 내려다보았다.

"하늬야, 안 무서워?"

"에이, 이 길은 한밤중에도 수도 없이 다녔어. 산에는 얼마나 많은 생물이 있는데. 곤충부터 토끼, 고라니, 뱀……."

"으악, 뱀까지?"

"너 이제 보니까 은근히 겁 많다?"

27

하늬의 말에 장풍이는 갑자기 얼굴이 빨개졌다.

"아, 아니, 무슨 소리야!"

그사이 웅덩이에 엎어져 있던 것이 몸을 일으켰다.

"끄응, 여기가 어디지?"

장풍이와 하늬는 다시 한번 화들짝 놀랐다.

"말을 하네! 사람인 거야?"

하늬가 말을 걸어 보았다.

"안녕? 넌 누구니?"

비레로 바람 왕국의 다섯 열쇠를 찾아라!

사람 모양을 한 작은 녀석도 하늬와 장풍이 그리고 돌개를 보고 몹시 놀랐다.

　"내가 바람의 숲 바깥까지 날아온 거야? 멀리도 날아왔구나. 이런……."

　"바람의 숲?"

　"응, 나는 바람의 숲에 있는 바람 왕국에 살고 있어."

　"바람의 숲? 바람 왕국? 들어본 적이 없는데……. 혹시, 너 요정이니?"

　"사람들이 우리를 요정이라고 부른다는 이야기는 들었어. 그래, 요정 맞아."

　장풍이도 경계심이 조금 풀어졌는지 요정에게 가까이 다가갔다.

　"그런데 어쩌다가 이렇게 된 거야? 웅덩이에 빠지고 말이야."

　"그게……."

　"그것보다 이름이 뭐니?"

　하늬의 물음에 요정이 대답했다.

　"이름? 난 사이클론이라고 해."

　"사이클론? 히히, 정말 재미있다. 그러고 보니 우리 이름이 모두 바람이잖아?"

　하늬의 말에 장풍이가 머리를 긁적였다.

　"그런가? 내 이름도 바람이라면 바람이고."

"내 이름은 하늬바람이잖아. 강아지는 돌개바람이고."

"그럼 사이클론은?"

"아시아에서 태풍이라고 부르는 걸 오세아니아에서는 사이클론이라고 불러. 북아메리카에서는 허리케인이라고 부르고."

그 말에 사이클론이 화들짝 놀랐다.

"헉! 너 우리 아빠 알아?"

"엥, 그게 무슨 말이야?"

"방금 허리케인이라고 했잖아."

고개를 끄덕이던 하늬의 눈이 동그랗게 커졌다.

"그, 그럼, 아빠 이름이 허리케인?"

"그래, 우리 아빠는 바람 왕국의 왕인 허리케인 1세라고."

갑자기 장풍이가 배를 잡고 웃기 시작했다.

"우하하! 그러니까 아빠는 허리케인이고 아들은 사이클론? 바람 왕국이라고 하더니 정말 이름도 다 바람에서 가져다 붙이는 거야? 크크크."

갑자기 장풍이 등에서 퍽 소리가 났다.

"아야! 왜 그래, 하늬야?"

"왜 이름을 가지고 놀려? 너도 이름이 장풍이니까 장풍 쏴 보라고 그러면 기분 좋겠어?"

"아, 미안. 하여간에 사이클론…… 아니지, 바람 왕국 왕의 아들

발생 위치에 따라 이름이 다른 열대성저기압

태풍, 사이클론, 허리케인은 모두 바람의 최대 속도가 초속 17m를 넘어가는 열대성저기압을 뜻하는 말이다. 북태평양 서남부에서 생겨난 것을 태풍, 인도양에서 생겨난 것은 사이클론, 대서양 서부나 북태평양 동부에서 생겨난 것은 허리케인이라고 부른다. 예전에는 오스트레일리아 북부에서 생겨나 오스트레일리아나 뉴질랜드 쪽으로 오는 열대성저기압을 '윌리윌리'라고 불렀지만 요즘은 사이클론이라고 부른다.

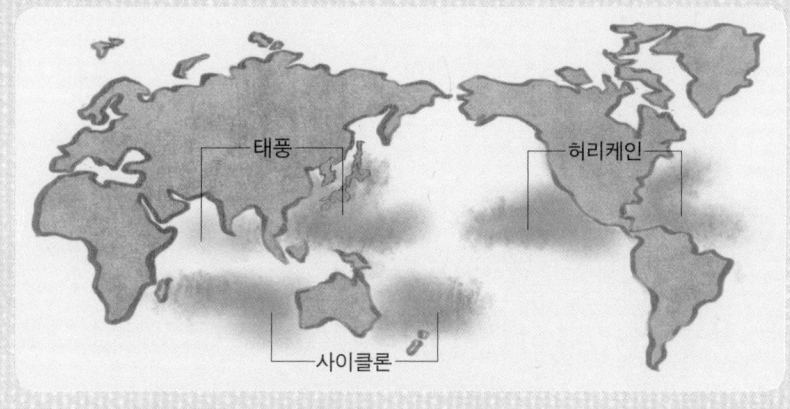

열대성저기압은 발생하는 위치에 따라 이름이 다르다.

이니까 왕자님이네? 왕자님! 어쩌다 여기까지 온 거예요?"

"그냥 사이클론이라고 불러도 괜찮아. 여기까지 날아온 건 내가 아빠를 화나게 해서 그래."

"아빠를 화나게 했다고?"

"응, 요즘 공부도 안 하고 말썽만 피운다고 엄청 화를 내셨거든.

우리 아빠는 화나면 정말 무서워. 화를 크게 내시면 엄청난 폭풍이 몰아치는데 거기에 휩쓸려서 여기까지 날아온 거야."

"우와, 진짜 무섭다. 우리 아빠도 내가 말썽 피우면 화를 엄청 내시긴 해. 그래도 멀리 날려 버리지는 않는데……."

"집에 돌아가야 하지 않겠어? 아빠가 화는 내셨지만 지금쯤은 후회하고 계실지도 몰라."

"그, 그게……."

사이클론 왕자가 난처한 표정을 지었다.

"돌아가는 게 쉽지가 않아. 바람 왕국에 마음대로 들어갈 수가 없거든."

"그래? 왕자인데도 마음대로 못 들어가?"

"응, 왕국 바깥에서 나쁜 놈들이 들어올 수도 있잖아. 그래서 왕국으로 들어가는 문을 단단하게 잠가 놨어."

"그럼 열쇠가 있어야겠네."

"응, 열쇠 다섯 개가 필요해."

"다, 다섯 개나?"

"바람의 숲에 여기저기 흩어져 있는데 그걸 다 찾아야 왕국으로 들어가는 문을 열 수 있어."

"문 앞에 가서 아빠한테 열어 달라고 하면 안 돼?"

사이클론 왕자는 고개를 가로저었다.

"그건 우리 왕국의 규칙이야. 왕이라고 해도 어겨서는 안 돼. 아빠는 아주 엄해서 그런 규칙을 어길 리도 없지만."

"그럼 빨리 가서 열쇠를 찾아야겠네."

갑자기 사이클론 왕자가 한숨을 푹 쉬었다.

"그래야 하는데 그게 정말 만만치 않거든. 무척 어려운 수수께끼를 풀어야 하는 거라서."

"그렇구나. 그런데 바람의 숲이 어디지? 여기서 쭉 살았지만 처음 듣는 이름인데."

시무룩해 있던 사이클론 왕자는 고개를 갸우뚱하는 하늬를 보면서 빙긋 웃었다.

"모르는 게 당연하지. 사람들은 우리 왕국이 어디 있는지 절대 몰라. 아주 신비롭고 비밀스러운 곳이야."

"와, 그런 데가 있었어? 신기하네."

갑자기 하늬의 눈이 호기심으로 반짝반짝 빛나기 시작했다. 그 모습을 본 장풍이는 아차, 싶은 생각이 들었다.

"저기, 하늬야. 우리 이제 집에 돌아가야……."

"사이클론, 혹시 그 바람의 숲이라는 곳을 한번 구경할 수는 없을까?"

"그, 그건 곤란해. 거긴 비밀의 공간이라고."

"왕국으로 가는 문을 열려면 다섯 개의 열쇠를 찾아야 한다고 했잖아. 열쇠를 찾으려면 아주 어려운 수수께끼를 풀어야 하고."

"응, 그렇지."

"우리가 수수께끼 푸는 걸 도와줄 수 있지 않을까?"

장풍이는 속으로 이거 큰일이라고 생각했다.

'으, 하늬는 한번 꽂히면 절대로 그냥 넘어가지 않아. 안 돼, 집에 가야 해. 엄마, 아빠가 걱정하실 거라고.'

사이클론 왕자는 난감한 표정을 지었다. 하지만 하늬는 신난다는 듯이 말했다.

"자, 지금은 시간이 너무 늦었으니까 일단 우리 집에 가서 자고,

내일 아침에 같이 열쇠를 찾으러 가자고. 그럼 어른들도 걱정 안 하실 거야."

"하늬야, 위험할지도 몰라. 거기에 뭐가 있는지 어떻게 알아?"

"숲이라는데 뭐 어때. 지금 이 산속에도 들짐승, 날짐승이 얼마나 많은데. 가끔은 뱀도 나온단 말이야. 이렇게 혀를 날름거리면서."

"으, 으악, 배애애애앰!"

하늬가 뱀처럼 혀를 날름거리는 모습에 장풍이는 마치 무서운 독사가 눈앞에 있는 것처럼 오들오들 떨었다. 하늬와 사이클론 왕자는 그 모습을 보면서 웃음을 터뜨렸다.

"안심해. 다행스럽게도 바람의 숲에는 독사 같이 아주 위험한 건 없으니까."

"오호, 그럼 같이 열쇠를 찾으러 가는 거야? 아 참, 한 가지는 약속해야지. 사이클론을 만난 거랑 바람 왕국, 바람의 숲은 우리 셋만 아는 비밀이라는 거. 알았지, 장풍아?"

장풍이는 얼결에 고개를 끄덕였다. 사이클론 왕자도 고개를 끄덕이면서 말했다.

"알았어, 내일 다 같이 열쇠를 찾으러 가자."

"사이클론은 우리 집에서 하룻밤 지내고, 장풍이는 부모님이 걱정하시기 전에 빨리 집에 가고."

하늬가 손을 뻗자 사이클론 왕자는 그 위에 올라섰다.

"내일 아침 먹고 여기서 다시 보는 거야. 안녕!"

하늬는 돌개와 함께 잽싸게 집을 향해 뛰어갔다. 장풍이는 그 모습을 멍하니 보고 있다가 집으로 발길을 돌렸다.

'이건 분명 꿈일 거야. 내일 일어나면 아무 일도 없겠지.'

다음 날 아침, 장풍이네는 할머니가 차려 준 아침밥을 먹고 있었다. 그때 멀리서 하늬의 목소리가 들려왔다.

"장풍아, 아침 먹고 놀러 가기로 한 거 기억하지? 이따 봐!"

아무래도 하늬는 벌써 아침을 먹은 모양이었다.

"장풍아, 하늬랑 놀러 가기로 했니?"

장풍이는 입에 밥을 한가득 넣은 채로 고개만 끄덕였다.

"하긴, 여기까지 왔는데 숲속에서 마음껏 놀고 그래야지."

아빠의 말에 엄마도 옆에서 거들었다.

"혼자면 모르겠는데 하늬랑 같이 간다니까 안심이 된다. 하늬는 어쩜 그렇게 똑똑하고 야무진지 몰라. 나중에 크면 우리 장풍이랑 잘 어울리겠는데?"

"엄마!"

장풍이가 먹던 걸 꿀꺽 넘기고 소리쳤다. 사실 장풍이는 하늬와 함께 사이클론 왕자를 따라가는 게 별로 내키지 않았다. 바람의 숲이라는 데에 뭐가 있는지도 모르겠고, 혹시나 엄청 위험한 동물이라도 있다면? 하지만 가지 않으면 하늬가 겁쟁이라고 놀려 댈 게 뻔했다.

엄마 말처럼 하늬는 정말로 똑똑하기 때문에 숲에 관해 많은 것을 알고 있었다. 그리고 사이클론 왕자가 바람의 숲에 아주 위험한 건 없다고 했으니까, 하고 장풍이는 스스로를 안심시켰다.

"다녀오겠습니다!"

아침을 먹은 장풍이는 어제 사이클론 왕자를 만났던 곳으로 갔다. 웅덩이는 그새 말라서 없어졌고, 하늘은 구름 한 점 없이 푸르렀다. 하늬와 돌개는 이미 도착해서 장풍이를 기다리고 있었다.

"엥, 사이클론은?"

"나 여기 있어."

하늬의 웃옷 주머니에서 사이클론 왕자가 불쑥 머리를 내밀었다.

"어제는 말 못 했는데 도와준다니 정말 고마워."

"무슨 소리야! 어려운 일을 겪는 친구는 당연히 도와야지. 안 그래, 장풍아?"

"응, 그렇긴 한데……. 우리 벌써 친구인 거야? 겨우 어제 만났는데?"

"당연하지! 우리 집에서 하룻밤 잤는데 그럼 친구지."

장풍이는 포기했다는 듯이 한숨을 쉬었다.

"알았어, 어차피 가기로 한 거니까 빨리 가자. 엄마, 아빠한테 해지기 전까지는 집에 돌아온다고 그랬단 말이야. 하늬가 맛난 거 싸오기로 해서 점심은 밖에서 먹겠다고 했거든."

"오호, 그렇구나. 사이클론, 바람의 숲은 어떻게 가는 거야? 여기서 멀어?"

"그냥은 갈 수 없고 바람을 타고 가야 해."

"바람을 타고?"

"응, 나도 아빠만큼은 아니지만 바람을 만들 수 있거든. 그 바람을 타고 가는 거야."

"혹시 너처럼 폭풍에 휘말려서 뱅글뱅글 도는 거 아니야?"

"그렇게 센 건 못 만들어. 내가 만들 수 있는 건 아직은 흔들바람 정도야. 걱정 마, 왕국 사람들은 바람을 타고 여행하곤 하니까."

"흔들바람? 그게 뭐지?"

"바람의 세기를 뜻하는 말이야. 작은 나무라면 전체가 흔들리고 호수에는 물결이 일어나는 정도의 바람이야."

"오호, 그 정도면 속도가 얼마나 되는 거지?"

"그게, 그저께 분명히 공부했는데…… 우리 왕국에서는 아주 중요한 거라서. 아, 초속 8m에서 10.8m라고 했어!"

하늬가 고개를 갸우뚱했다.

"그 정도 바람이라면 우리가 타고 가기에는 너무 약한 거 아니야? 태풍으로도 안 될 텐데."

"내가 너희를 나만큼 작게 만들면 갈 수 있어."

"정말?"

흔들바람이 불면 작은 나무가 흔들리고 호수에 물결이 일어난다.

보퍼트 풍력 계급

바람의 세기를 등급으로 표현하는 방법. 1805년에 영국 해군 제독이었던 프랜시스 보퍼트(Francis Beaufort)가 고안했다. 그 후 몇 차례 수정을 거쳐 지금도 널리 쓰이고 있다. '계급 1 실바람'부터 '계급 12 싹쓸바람'까지 단계별로 우리말 이름도 붙어 있다.

계급	명칭	상태
1	실바람	연기가 흔들리지만 풍향계는 움직이지 않는다.
2	남실바람	나뭇잎이 흔들리고 풍향계가 움직이기 시작한다.
3	산들바람	나뭇잎과 작은 가지가 흔들리고 깃발이 날린다.
4	건들바람	작은 가지가 흔들리고 먼지와 종잇조각이 날린다.
5	흔들바람	작은 나무 전체가 흔들리고 호수에 물결이 인다.
6	된바람	큰 가지가 흔들리고 우산을 쓰기가 어렵다.
7	센바람	큰 나무 전체가 흔들리고 걷기가 어렵다.
8	큰바람	작은 가지가 꺾이고 걷기가 매우 힘들다.
9	큰센바람	큰 가지가 꺾이고 건물에 다소 피해가 생긴다.
10	노대바람	나무가 뿌리째 뽑히고 건물에 큰 피해가 일어난다.
11	왕바람	광범휘한 피해가 생긴다
12	싹쓸바람	매우 광범휘한 피해가 생긴다.

비례로 바람 왕국의 다섯 열쇠를 찾아라!

사이클론 왕자가 고개를 끄덕였다.

"괜찮으면 작게 만들어 줄게. 물론 숲에 도착하면 원래 크기대로 만들어 줄 거야. 돌아갈 때에도 마찬가지고. 사실 나도 원래는 이렇게 작지 않아."

"히히, 재미있겠는데. 작아져서 바라보는 숲은 또 어떨까?"

호기심으로 반짝이는 하늬의 눈을 보면서 장풍이가 말했다.

"그나저나 엄청 작아지는 거 같은데. 대체 몇 분의 1로 작아지는 거지."

"음, 장풍이 키가 몇이지?"

"156cm. 하늬 너는?"

"152cm. 사이클론은?"

"난 원래 140cm. 그런데 지금은 8cm쯤 될 걸?"

"우리가 사이클론만큼 작아진다면 몇 분의 1이 되는 거야?"

하늬가 막대기를 주워 와서 땅바닥에 쓱쓱 쓰기 시작했다.

"장풍이 키가 156cm이니까 ★비례식으로 나타내면 $156 : 8 = 1 : \square$ 가 되네. $156 \times \square = 8$ 이고 이걸 계산해 보면……."

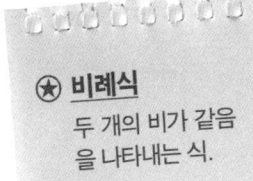

★ **비례식**
두 개의 비가 같음을 나타내는 식.

"156을 8로 나누면 되네."

장풍이의 말에 하늬는 고개를 끄덕이면서 나눗셈 계산을 했다.

"$156 \div 8 = 19.5$이니까 $\dfrac{1}{19.5}$가 되는구나. 지금에서 거의 $\dfrac{1}{20}$로

장풍이는 사이클론 왕자보다 19.5배 더 크다.

작아지는 거잖아, 흐아.”

"내가 사이클론만큼 작아진다면 152를 8로 나누는 거니까 $\frac{1}{19}$로 작아져. 우아, 재미있겠다.”

"자, 빨리 가자. 너희도 부모님이 걱정하시기 전에 돌아와야지.”

사이클론 왕자는 목걸이를 두 손으로 잡고 눈을 감았다. 목걸이에서 빛이 나기 시작하더니 그 빛이 점점 커져서 모두를 덮을 정도까지 됐다. 다들 눈이 부셔서 앞이 보이지 않았다.

잠시 후, 빛이 사라지고 장풍이와 하늬는 사이클론과 눈이 마주쳤다.

"와, 진짜 작아진 거야? 사이클론하고 눈을 마주 보고 있네!"

"뒤를 좀 봐!"

하늬의 말에 뒤를 돌아본 장풍이는 소스라치게 놀랐다.

"으악, 사자다, 사자!"

"무슨 말도 안 되는 소리를 하는 거야. 저건 돌개라고."

정신을 차리고 자세히 보니 정말 돌개였다.

"아차, 돌개도 작게 만들어야 하는데."

사이클론 왕자는 다시 목걸이를 두 손으로 잡고 눈을 감았다. 목걸이에서 빛이 나기 시작하더니 돌개도 작은 크기로 변했다.

"자, 빨리 바람의 숲으로 가자!"

"좋았어! 빨리 데리고 가 줘."

마냥 신이 난 하늬와 여전히 불안해하는 장풍이를 보면서 사이클론 왕자는 다시 목걸이를 꼭 쥐고 눈을 감았다. 잔잔하던 숲에 바람이 일더니 나뭇가지가 흔들릴 만큼 세찬 바람이 되었다.

"어, 어?"

장풍이와 하늬는 몸이 둥실 뜨는 것을 느꼈다.

"흐아, 정말 몸이 뜨고 있어. 바람을 타고 위로 올라가고 있네."

"우와, 신난다! 하늘을 날고 있는 거야? 비행기도 안 탔는데?"

"자, 간다!"

사이클론 왕자의 목걸이가 다시 한번 빛을 내뿜자 세 사람과 돌개는 바람을 타고 멀리멀리 날아갔다.

QUIZ 1

우리도 비행기를 타면 하늘을 날 수 있다. 이때 비행기를 하늘로 띄우는 힘은 무엇일까?

② 비례식으로 구하는 나무의 높이

"야호!"

하늬는 바람을 타고 날아가면서 신난다는 듯이 소리를 질렀다. 처음에는 이러다가 떨어지면 어떡하지, 하고 걱정하던 장풍이도 이내 하늬처럼 소리를 지르면서 신나게 하늘을 날았다.

아래로는 숲과 산과 강이 까마득하고 작게 보였다. 그러다 어느덧 바다가 보이기 시작했다. 얼마쯤을 날아갔을까. 장풍이 일행은 점점 바람의 힘이 약해지는 것을 느꼈다.

"저기야, 바람의 숲은 저 섬에 있어."

사이클론 왕자는 바다 위에 있는 작은 섬 하나를 가리켰다. 바람이 조금씩 약해질수록 그 섬은 점점 커지는 것만 같았다. 장풍이

일행은 섬 위 풀숲에 내려앉았다.

"휴, 여기가 바람의 숲인 거야?"

하늬가 일어나 옷을 툭툭 털면서 물었다.

"그래, 바람의 숲에 온 걸 환영해. 일단 원래 크기로 돌아가자."

사이클론 왕자는 아까처럼 목걸이를 두 손으로 잡고 눈을 감았다. 다시 목걸이에서 빛이 나와서 일행을 감쌌다.

잠시 후, 빛이 사라지고 장풍이와 하늬는 사이클론 왕자와 눈을 마주쳤다.

"사이클론도 원래 크기로 돌아온 거구나."

"응, 그렇지."

장풍이와 하늬는 주위를 둘러보았다. 뭔가 신비로운 분위기가 주변을 감싸고 있었지만 지금까지 보지 못했던 것들이 있지는 않았다. 원래 알고 있는 숲의 모습이었다.

갑자기 사이클론 왕자가 쿡 웃었다.

"뭔가 신기한 게 있는 줄 알았는데 너무 평범해서 실망한 거야?"

하늬는 고개를 끄덕였다.

"응, 신기한 동물이나 식물이 있을 줄 알았거든. 우리 동네에 있는 숲하고 비슷하네."

"맞아, 그래도 잘 살펴보면 신기한 걸 찾을 수도 있지. 이를테면 저기."

사이클론 왕자가 손가락으로 어딘가를 가리켰다. 장풍이와 하늬가 그쪽을 보니 돌 하나가 서 있었다. 마치 비석과 같은 모양이었고 겉은 만질만질했다.

사이클론 왕자가 가까이 다가가자 비석은 신비로운 빛을 내기 시작했다.

"이 신비한 돌에 열쇠가 어디 있는지 알려 주는 힌트가 나타날 거야."

사이클론 왕자가 만질만질한 돌을 살살 쓰다듬자 돌 위에 뭔가

흐릿한 모양이 나타나기 시작했다.

"뭐지? 꼭 우산같이 생겼는데?"

모양이 점점 또렷해지면서 정체를 알 수 있게 됐다.

"이건 나무구나."

"그러게, 어떤 나무일까?"

하늬는 물끄러미 나무의 모습을 살펴보았다.

"일단 이 나무는 침엽수인 것 같아. 이파리가 뾰족하잖아, 그렇지?"

모두 고개를 끄덕였다. 장풍이는 생각나는 대로 이것저것 나무 이름을 댔다.

"소나무, 잣나무, 향나무 또 뭐가 있지?"

사이클론 왕자가 돌을 가리키면서 입을 열었다.

"이 숫자들도 아마 힌트인가 봐."

돌 위에 떠오른 나무 모양 아래에는 10.5와 10.30이라는 숫자가 표시되어 있었다.

"무슨 뜻일까? 일단은 잘 기억해 두자고."

소나무는 대표적인 침엽수다.

"사이클론, 혹시 근처에 장풍이가 이야기한 그런 나무들이 있을까?"

"음, 여긴 그런 나무가 많지는 않은데, 북쪽으로 가면 아주 큰 잣나무가 몇 그루 있어."

"어딘지 알 것 같아."

하늬는 손가락으로 어딘가를 가리켰다. 한눈에 보기에도 높은 나무 몇 그루가 우뚝 서 있는 게 보였다.

"그럼 빨리 가 보자!"

돌개도 이 상황을 눈치챘는지 깡충깡충 뛰면서 앞장섰고, 장풍이 일행이 뒤를 따랐다.

이윽고 큰 잣나무가 있는 곳에 도착했다. 그곳에는 높이가 제각각인 잣나무 다섯 그루가 서 있었다.

"아직 잣은 안 열렸나?"

"가을이 되어야지."

"어라, 왜 이렇게 잎이 땅에 많이 떨어져 있지? 침엽수는 낙엽이 없지 않아?"

"침엽수라고 해서 낙엽이 없는 건 아니야."

하늬의 말에 장풍이가 고개를 갸우뚱했다.

"그래? 활엽수가 겨울을 나기 위해서 잎을 떨어뜨린 게 낙엽이 잖아."

"그렇지, 뱀이나 개구리가 겨울잠을 자는 것처럼 나무도 겨울에는 잎을 떨어뜨리고 바짝 움츠러드는 거니까. 잎이 넓으면 물기가 많이 날아가는데 겨울에는 땅도 얼고 해서 빨아들이는 물이 줄어들지."

하늬의 말에 사이클론 왕자가 끼어들었다.

"침엽수는 잎이 얇고 뾰족하니까 물이 덜 빠져나가겠네."

"응, 활엽수는 겨울을 나기 위해서 가을이 되면 잎을 죄다 떨어뜨리지만 침엽수는 1년 내내 잎을 떨어뜨려. 다만 전부 다 떨어뜨리는 게 아니라, 1년 내내 조금씩 떨어뜨리면서 오래된 잎을 새것으로 갈아 주는 거야. 우리도 머리카락이 빠지기도 하고 나기도 하고 그렇잖아."

"아아, 머리를 감거나 빗다 보면 머리카락이 빠지는 거랑 비슷하구나."

활엽수는 가을에 잎을 떨어트리지만 침엽수는 1년 내내 잎을 떨어트린다.

이런저런 이야기를 하면서 장풍이 일행은 나무 주위를 이리저리 구석구석 둘러보았지만 열쇠는 보이지 않았다.

"휴, 이래서는 하루 종일 찾아도 소용없을 거야. 아까 그 숫자는 무슨 뜻일까?"

"10.5였어. 대체 10.5가 무슨 뜻이지?"

하늬가 고개를 갸우뚱했다. 사이클론 왕자와 장풍이도 뭔가 생각해 보려고 애를 썼지만 도무지 생각이 나지 않았다. 장풍이가 한숨을 푸욱 쉬면서 나무를 올려다보았다.

"나무들 높이가 다 제각각이구나. 비슷비슷할 줄 알았는데."

"어린 나무도 있고, 오래된 나무도 있고 그렇겠지."

하늬는 장풍이의 말에 답하다 말고 갑자기 눈을 동그랗게 떴다.

"맞다, 높이! 높이 아니야?"

사이클론 왕자가 하늬를 돌아보았다.

"높이? 그 숫자가 높이라는 말이야?"

"응, 혹시 높이 10.5m짜리 나무를 찾으라는 뜻 아닐까?"

"오, 그럴듯한데. 나무 높이가 다 제각각이니까 저기서 10.5m짜리를 찾으라는 뜻인가? 그런데 나무 높이를 어떻게 재지?"

사이클론 왕자가 줄자를 꺼냈다.

"마침 주머니에 줄자가 있긴 한데……. 이건 2m짜리라서 너무 짧은걸."

장풍이가 고개를 흔들었다.

"게다가 높이를 재려면 나무 위로 올라가야 하잖아. 그건 너무 위험해."

다들 실망감에 고개를 푹 숙였다. 땅바닥을 바라보던 하늬는 자기 그림자를 물끄러미 쳐다보다가 손뼉을 짝 쳤다.

"그래, 그림자! 그 방법이 있었어."

"그림자라니? 무슨 뜻이야?"

하늬가 막대기를 주워 와서 흙바닥에 쓱쓱 그림을 그렸다.

"이게 뭐야?"

"장풍이 앞에 그림자가 생기는 건 말이야. 저 위에 떠 있는 햇빛을 장풍이가 가리기 때문에 이런 모양이 생기지."

"그거야 당연하지."

"이 그림자의 길이를 재면 장풍이의 키가 나오지 않을까?"

"에이, 딱 보기에도 나보다 작아 보이는데?"

"그럼 저 나무도 마찬가지 아닐까? 장풍이의 키를 알면 키와 그림자의 비율을 알 수 있을 거고. 그러면 나무 그림자 길이를 재어 보면 나무 높이도 알 수 있는 거잖아. 장풍이 키가 156cm라고 했지? 그림자의 길이가 78cm라면?"

"가만, 156cm이고 78cm이니깐 절반인 건가? 그럼 키와 그림자의 비율이 2:1이지?"

"그래, 나무 그림자 길이가 5m라고 생각해 봐."

"나무 그림자 길이가 5m라……. 키와 그림자의 비율이 2:1이니까 10m! 그림자가 1이고 나무 높이가 2의 비율이니까, $5 \times 2 = 10$m잖아."

장풍이가 눈알을 굴리면서 열심히 계산했다.

"나무가 10.5m라면 거꾸로 10.5를 2로 나누면 되네. 그럼 그림자는 5.25m구나."

"그래, 바로 그거야! 우리의 키를 알고 있으니 이걸로 나무에 올라가지 않아도 나무 높이를 잴 수 있다고."

"아하, 그렇구나. 그럼 빨리 해 보자."

"시간이 지나면 해가 더 높아질 거야."

"그럼 그림자가 더 짧아질 텐데."

"그래, 그래서 최대한 빨리 나무 그림자 길이를 표시해야 해. 사이클론, 키가 얼마지?"

"140cm."

"끝자리가 0이라서 다행이네. 그럼 일단 사이클론의 그림자 길이를 잰 다음 잽싸게 나무들의 그림자 끄트머리에 표시를 해 놓는 거야. 그리고 나무 밑동부터 길이를 재어 보면 어느 나무가 10m인지 알 수 있을 거야."

사이클론 왕자가 똑바로 선 다음, 장풍이와 하늬가 줄자의 양쪽 끝을 잡고 그림자의 길이를 쟀다.

"딱 1m다. 100cm니까 키하고 그림자의 비율이 7 : 5인 거지?"

"응, 이제 나무 그림자의 끄트머리를 표시해 놓자고."

다들 나무를 하나씩 맡아서 잽싸게 뛰어갔다. 장풍이는 열심히 뛰어서 그림자의 끄트머리에 × 표시를 하고 다른 나무로 뛰어갔다.

하늬도 나무 그림자가 있는 곳에 표시하고 다른 나무로 뛰어갔는데, 이미 돌개가 앞발로 표시하고 있었다.

"이야, 돌개야! 똑똑한데? 우리가 뭘 해야 하는지 알아차린 거야?"

장풍이 일행이 다시 한곳으로 모였다.

"이제 줄자를 가지고 재어 보자. 2m짜리니까 몇 번으로 나눠서 재야 할 거야."

다섯 그루의 그림자 길이를 재어 보니 다음과 같았다.

	나무 1	나무 2	나무 3	나무 4	나무 5
그림자 길이	8.35m	5.15m	6.25m	7.5m	7.15m

"이 중에서 어떤 게 10.5m일까?"

"아까 계산했을 때 키와 그림자의 비율이 7:5였잖아."

하늬의 말에 장풍이도 뭔가 감을 잡은 듯했다.

"나무 1의 키를 구하려면 비례식을 쓰면 되는구나. 어디 보자 7:5 = □:8.35가 되는 건가?"

"맞아, 소숫점이 들어간 비례식이 계산하기 불편하면 단위를 m에서 cm로 바꾸면 돼."

"7:5 = □:835겠네, 그럼."

"비례식에서 내항의 곱과 외항의 곱은 같다고 배웠으니까. 이걸 적용하면 7×835=5×□."

하늬는 계속 막대기로 땅바닥에 수식을 쓱쓱 적어 내려갔다.

"7×835=5845이니까 이걸 5로 나누면 1169. 나무 1의 높이는 1169cm, 11.69m네."

"좋아, 나무 2는 내가 계산해 볼게."

이번에는 사이클론 왕자가 나섰다.

"7:5=□:575이니까 7×575=5×□가 되네. 7×575=4025이고 이를 5로 나누면 805. 나무 2는 805cm, 8.05m야.

"이번에는 10m보다 많이 작네. 나무 3은 내가 계산해 볼게."

다음으로 장풍이가 나섰다.

"비례식을 하나의 계산식으로 나타내 보면 (7×625)÷5=□가 되네. 답은 875, 나무 3은 8.75cm야

이제 네 번째 나무를 계산할 차례다.

"(7×750)÷5=□ 이니까 괄호 안부터 계산하면 7×750=5250. 어, 5로 나누면 1050이네?"

"오오, 그러면 네 번째 나무가 딱 10.5m네. 찾았다, 찾았어!"

장풍이가 신나서 팔짝팔짝 뛰며 박수를 치자 돌개도 같이 팔짝팔짝 뛰었다.

"잠깐, 혹시 모르니까 나머지 하나도 계산해 보자."

결과는 다음과 같았다.

	나무 1	나무 2	나무 3	나무 4	나무 5
그림자 길이	8.35m	5.75m	6.25m	7.5m	7.15m
나무 높이	11.69m	8.05m	8.75m	10.5m	10.01m

"답은 나무 4인 것 같아. 나무 근처에 뭔가 있나 찾아보자."

장풍이 일행은 네 번째 나무로 가서 주위를 열심히 살펴보았지만 아무것도 찾을 수 없었다.

"아무것도 없어. 우리가 뭔가 잘못 짚은 걸까? 10.5라는 숫자가 나무 높이가 아닌가?"

"계산이 틀렸을까?"

하늬가 곰곰이 생각하다가 입을 열었다.

"숫자가 하나 더 있지 않았어? 10.30이었던 것 같아."

"10.30은 도대체 또 뭐야. 10.3m인가."

"숫자가 두 개인데, 첫 번째는 10.5이지만 두 번째는 10.30이잖아. 그냥 10.3이라고 쓰면 되지, 왜 굳이 뒤에다 0을 하나 더 붙였을까?"

"두 번째 건 혹시 시간 아닐까?"

사이클론 왕자가 불쑥 한마디를 던지자 모두 약속이라도 한 것처럼 시계를 들여다봤다.

"10시 10분이야. 그러면 20분 남은 건데."

"잠깐, 정말 그게 10시 30분을 뜻하는 걸까?"

"10.3 뒤에 굳이 0이 붙어 있는 이유로는 그럴듯하지 않아?"

"하긴 그러네. 일단 10시 30분까지 기다려 보자."

"그때까지 주위를 둘러보자. 뭔가 신기한 게 많아 보여. 특히 이 버섯들 말이야."

나무 밑에는 온갖 알록달록한 버섯들이 돋아나 있었다. 마치 세상에서 제일 예쁜 버섯들을 다 모아 놓은 듯했다.

"와, 진짜 예쁘다. 그런데 왜 버섯은 이렇게 침침하고 축축한 나무 밑에 많이 있을까?"

해가 잘 드는 곳에서 자라는 식물과 달리 버섯은 어두운 곳에서도 잘 자란다.

갑자기 사이클론 왕자가 헛기침을 하기 시작했다.

"음, 그건 말이야. 아빠한테서 배운 게 좀 있어서 말이지."

사이클론 왕자는 뭔가 자신 있다는 듯이 버섯에 관한 이야기를 시작했다.

"버섯은 잎이 없어. 꼭 우산처럼 생긴 버섯도 있고, 이파리처럼 생긴 버섯도 있지만, 보통 식물과는 확실히 다르다고."

"아, 녹색 잎이 없다는 거지?"

"엥? 하늬야, 너 알고 있었어?"

"아니야, 계속 이야기해 봐. 나야 학교에서 배우고 책에서 본 거긴 한데, 뭐."

"그, 그러니까 말이지. 식물은 햇빛을 받으면 잎 안에 있는 녹색 빛깔을 띠는 엽록체라는 세포가 영양분을 만들어 내. 이 때문에 살아

59

갈 수 있지. 하지만 버섯은 엽록체가 없어서 굳이 햇빛이 잘 드는 곳에서 살 필요가 없어."

"어두운 데서 살아도 문제가 없다는 거구나. 그런데 왜 축축한 데서 살지?"

"버섯은 햇빛으로 영양분을 만들 수 없으니까 다른 데서 영양분을 빨아 먹으면서 살아야 한대. 버섯이 주로 좋아하는 게 동물이나 식물이 죽어서 썩은 거야."

"그래서 이런 곳에서 사는구나."

"응, 아무래도 침침하고 축축한 데에서 뭔가가 잘 썩잖아. 나무 주위에는 떨어진 나뭇잎이나 풀이 많아서 버섯이 잘 자라는 것 같아."

가만히 듣고 있던 하늬가 한마디 거들었다.

"그리고 여름에 버섯이 잘 자라지. 더운 날씨에 뭔가가 더 잘 썩으니까."

식물도 동물도 아닌 버섯

흔히 버섯을 식물로 생각하지만 사실 식물도 동물도 아닌 '균류'에 속한다. 세균과는 또 다른 종으로 버섯, 곰팡이, 효모와 같은 생물들이 균류에 포함된다. 균류는 동물보다는 식물에 가까운 존재다. 그러나 엽록체를 가지고 스스로 영양분을 만들어 내는 능력이 있어야만 식물로 분류하기 때문에 이런 능력이 없는 균류는 별도의 종으로 묶인다.

"오호, 그렇구나."

"그리고 말이지. 버섯은……."

사이클론 왕자가 신이 나서 뭔가 더 이야기하려고 하는데 하늬가 말을 끊었다.

"잠깐! 지금 10시 29분이야. 1분 남았다고."

버섯은 식물도 동물도 아닌 균류에 속한다.

"뭘 해야 하지?"

"글쎄, 10시 30분이 되면 나무에서 뭔가 신기한 일이 일어나는 건 아닐까?"

모두 물끄러미 나무를 쳐다보았다. 기다리던 시간이 되었지만 나무에서는 아무런 일도 일어나지 않았다.

"뭐지, 아무 일도 없잖아."

장풍이가 실망스러운 표정을 지었다.

"그러게, 아무 일도 없네. 10.30은 시간이 아니었던 걸까?"

하늬도 한숨을 내쉬었다.

"잠깐, 얘들아. 이것도 혹시 그림자 아니야?"

"그림자?"

"아까도 그림자를 이용해서 문제를 풀었으니까. 이번에도 그림자를 가지고 문제를 풀어야 하는 거 아닐까 싶어서."

"그런가? 일단 그림자의 끄트머리로 가 보자."

나무 그림자의 끄트머리로 갔지만 주위에는 아무것도 없었다. 그런데 돌개가 뭔가 킁킁 냄새를 맡더니 앞발로 땅을 파헤치기 시작했다.

"돌개가 무슨 냄새를 맡았나 본데. 땅속에 뭔가 있나 봐."

"역시 개는 냄새를 잘 맡는다니까. 우리도 돕자."

장풍이도 돌개를 도와서 손으로 땅을 파헤쳤다. 흙이 부드러워 쉽게 파낼 수 있었다.

잠시 후, 장풍이의 손에 뭔가 딱딱한 게 만져졌다.

"어? 땅속에 뭔가가 있어!"

비례로 바람 왕국의 다섯 열쇠를 찾아라!

장풍이가 조심스럽게 땅을 파헤치자 시커먼 덩어리가 손에 잡혔다. 어른 주먹보다 조금 큰 둥그스름한 덩어리였다. 장풍이는 조심스럽게 덩어리를 들어 올렸다.

"이게 뭐지? 뭔가 덩어리 같은데."

"이거 버섯 같은데?"

"엥, 버섯? 이 시커먼 덩어리가?"

"텔레비전에서 본 것 같아. 이거 아주 비싼 버섯이라고 했던 것 같은데."

"에이, 이런 똥같이 생긴 녀석이 값비싸다니. 말도 안 돼."

　장풍이가 콧방귀를 뀌었지만 사이클론 왕자가 하늬를 거들었다.

"하늬 말이 맞아. 아빠가 그랬는데 사람들 사이에서 굉장히 비싼 버섯이라고 했어. 들은 적은 있지만 실제로 본 건 처음인데."

　아닌 게 아니라 버섯은 아주 강한 향을 뿜어내고 있었다. 표고버섯 같은 데에서 나는 향에 구운 고기 냄새를 더한 것 같기도 하고, 식초 냄새도 살짝 났다. 아무튼 뭐라고 말하기 어려운 향이었다.

"이 안에 열쇠가 있지 않을까? 한번 쪼개 볼까?"

　단단해 보이던 버섯은 생각보다는 쉽게 쪼개졌다. 그 안에는 강렬한 빛을 내는 타원형의 붉은 돌이 들어 있었다. 신비한 돌을 본 모두의 눈이 커졌고 입에서는 저절로 탄성이 나왔다.

"와, 첫 번째 열쇠를 찾았어!"

사이클론 왕자가 침을 꿀꺽 삼키면서 감격스러운 듯 말하더니 조심스럽게 열쇠를 꺼냈다.

"나도 만져 보면 안 될까?"

장풍이의 말에 하늬가 핀잔을 주었다.

"저게 사이클론한테 얼마나 중요한 건데!"

"아니야, 너희 덕분에 찾은 열쇠야. 잠깐 만져 봐도 돼. 하지만 살살 다루어야 해."

사이클론 왕자가 조심스럽게 장풍이에게 열쇠를 건네주었다.

"히야, 정말 신기하다. 이렇게 예쁜 빛이 나는 돌은 처음 보는 것 같아."

하늬도 잠깐이지만 열쇠를 손에 넣고 뭔가에 홀린 듯 바라보다가 입을 열었다.

"자, 이제 그만 가자. 앞으로 이런 열쇠를 네 개 더 찾아야 하잖아. 서둘러야겠어."

"좋았어! 후딱 해치우자고. 그런데 저 버섯 말이야. 정말 그렇게 비싼 거야?"

사이클론 왕자가 고개를 끄덕였다.

"저건 송로버섯 혹은 트러플(truffle)이라고 하는 버섯이야. 굉장히 비싸고 좋은 음식 재료라고 하더라고. 바람의 숲에 많이 있기는 하지만 땅속에 있어서 찾기가 쉬운 건 아니야. 아빠가 송로버섯을 좋아하셔서서 가끔 돼지를 데리고 나가서 버섯을 찾아."

"돼지? 개도 아니고?"

"응, 아빠 말로는 돼지가 개보다 냄새를 더 잘 맡는대."

하늬가 고개를 끄덕였다.

"정말이야. 돼지는 코에 냄새를 맡는 세포의 수가 개보다도 더 많대. 그래서 옛날부터 유럽에서는 송로버섯을 찾을 때

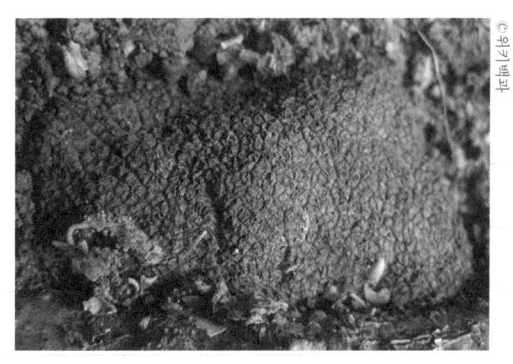

자연 상태의 송로버섯.

송로버섯은 숙련된 돼지를 이용해서 찾는다.

돼지를 이용했어. 돼지가 겉보기엔 뚱뚱하고 게으른 것 같지만 사실은 영리한 동물이야."

"와, 그렇구나. 저 버섯이 그렇게 비싸단 말이지. 나 저거 가지고 가면 안 돼?"

사이클론 왕자가 단호하게 고개를 저었다.

"미안, 바람의 숲에 있는 건 함부로 밖에 가지고 나가면 안 돼. 원래대로 땅에 묻어 주고 빨리 가자."

QUIZ 2

가로수로 자주 볼 수 있는, 가을에 노란 단풍이 드는 이 나무는 겉보기에는 분명 활엽수 같지만 과학자들은 침엽수로 분류한다. 이 나무는 무엇일까?

비례로 바람 왕국의 다섯 열쇠를 찾아라!

3 굴절 때문에 얕아 보이는 연못

장풍이 일행은 다시 신비로운 비석 앞으로 모였다. 사이클론 왕자가 마치 비석이 살아 있기라도 한 듯 말을 걸었다.

"자, 첫 번째 열쇠를 찾았어. 이제 두 번째 열쇠는 어떻게 찾아야 하지? 가르쳐 줘."

잠시 후, 비석에서 다시 신비로운 빛이 났다. 그 빛에서 무언가가 보이기 시작했다. 장풍이와 하늬는 눈을 반짝이면서 침을 삼켰다.

"이번에는 또 뭘까?"

서서히 그 모양이 또렷해졌다.

"이건 연못 아니야?"

하늬의 말에 사이클론 왕자가 고개를 끄덕였다.

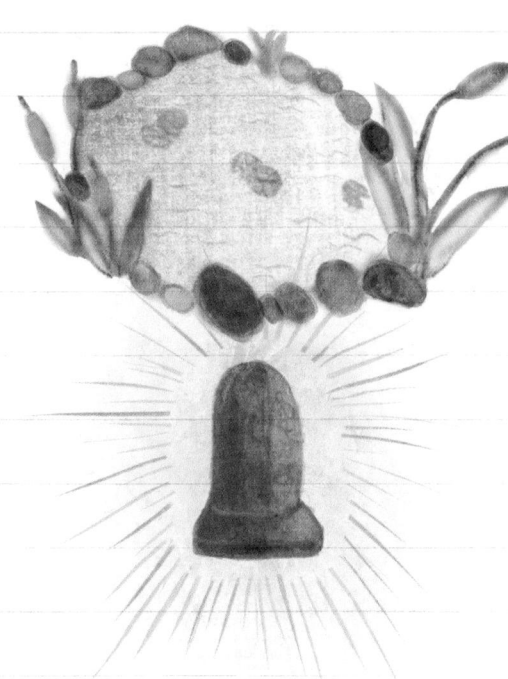

"그래, 이건 연못이야. 어딘지 알 것 같네."

연못 아래에는 녹색빛이 나는 타원형 모양이 나타났다.

"이번에는 이게 힌트인가? 녹색빛이 나는 타원형 모양이라…… 럭비공인가?"

어처구니없는 장풍이의 말에 모두 깔깔깔 웃었다.

"녹색 럭비공이 어디 있어. 아무튼 빨리 연못으로 가 보자."

사이클론 왕자가 앞장을 서고 장풍이와 하늬가 뒤를 따랐다. 돌개는 신난다는 듯이 일행 주위를 빙글빙글 돌면서 바쁘게 따라다녔다.

얼마를 걸었을까? 눈앞에 큼직한 연못이 나타났다. 예쁜 빛이 연못을 감싸고 있었고, 물은 햇빛을 받아서 금빛으로 반짝이고 있었다.

장풍이와 하늬는 넋을 잃은 듯 연못을 한참 동안 바라보았다.

"그나저나 이제 뭘 어떻게 찾아야 하지?"

연못 속에는 갖가지 물고기들이 한가롭게 헤엄을 치고 있었다.

가재, 게, 조개도 보였다. 물이 정말 맑아서 물속 생물들의 모습이 잘 보였다.

"음, 물고기한테 물어볼까?"

사이클론 왕자의 말에 장풍이와 하늬가 고개를 돌렸다.

"물고기하고 이야기를 할 수 있다고?"

"말로 이야기를 하는 건 아니고. 서로 마음이 통한다고 해야 하나? 그런 건 할 수 있어. 다만……."

"다만 뭐?"

"아직 연습이 부족해서 그렇게 잘하지는 못해. 이번에 아빠가 엄청 화를 낸 것도 연습을 많이 못 해서 동물들과 마음이 잘 안 통하니까 그렇게 된 거야. 연습은 안 하고 놀러만 다닌다고……."

장풍이가 사이클론 왕자의 어깨에 손을 얹었다.

"그 마음 내가 잘 알지. 공부 안 하면 혼나는 건 어디나 마찬가지구나."

"아무튼 물고기들한테 혹시 열쇠를 봤는지 물어볼게."

사이클론 왕자는 연못가에 쭈그리고 앉아서 물고기들을 가만히 바라보았다.

"저거 송사리 아니야?"

"그런 것 같은데. 저기 저건 소금쟁이인가 봐."

장풍이가 가리키는 곳에 소금쟁이 몇 마리가 물 위를 돌아다니고

소금쟁이는 표면장력 때문에
물 위에 떠 있을 수 있다.

★ **표면장력**
액체의 표면이 스스로 수축하여 가능한 한 작은 면적을 차지하려는 힘.

있었다. 장풍이는 소금쟁이를 보면서 말했다.

"소금쟁이는 참 신기해. 어떻게 물 위를 걸어 다닐 수 있을까? 나도 그럴 수 있으면 좋겠어."

"엄청 가볍잖아. 그래서 그런 거 아니야?"

사이클론 왕자의 말에 하늬가 한마디 했다.

"가볍기도 가벼운데 ★ 표면장력이라는 걸 이용한다더라고."

"표면장력? 그게 뭐더라?"

"컵에 물을 가득 따르면 물이 컵 위로 불룩하게 나오잖아. 쏟아지지 않고 말이야."

"그렇지, 가끔 친구들이랑 안 넘칠 때까지 누가 더 많이 따르나 내기도 해."

"아침에 보면 풀잎이나 나뭇잎에 이슬이 동글동글하게 맺히기도 하고."

"근데 그게 표면장력이랑 관계가 있다는 거야?"

"응, 액체는 서로 뭉치려는 성질이 있대. 더 정확히 말하자면 액체는 면적을 최대한 작게 하기 위해 뭉치려는 성질이 있다는 거야."

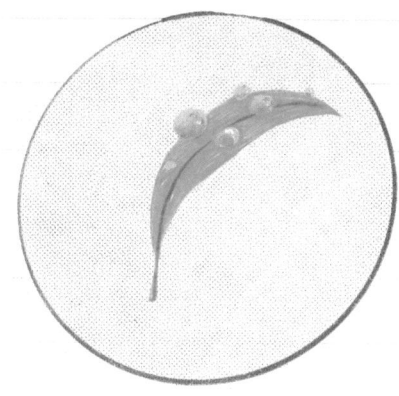

표면장력은 일상 속에서 쉽게 만날 수 있다.

"그런 표면장력이 소금쟁이랑 무슨 관계가 있는데?"

"소금쟁이가 물 위에 있으면 물이 아래로 움푹 들어가잖아. 그럼 물은 원래대로 평평하게 돌아가려고 위로 밀어 올리는 힘이 작용하는데 이게 표면장력이야. 소금쟁이는 아주 가벼우니까 그 정도 표면장력으로도 물 위에 떠 있을 수 있어."

"오호, 하늬 너 정말 똑똑하구나."

사이클론 왕자의 칭찬에 하늬는 신나게 이야기를 이어 나갔다.

"게다가 소금쟁이 다리에서 기름이 나오는데 이게 물에 뜨는 효과를 더욱 키운대. 또 다리에 있는 수많은 잔털이 공기를 많이 머금고 있어서 더욱 잘 뜨고. 뭐, 책에서 본 거야."

"하늬는 책을 참 많이 읽어. 나보다 열 배는 더 읽는 것 같다니까."

"산속에서 놀잇거리가 별로 없으니까. 도시에 나가면 정말 놀거

세제와 표면장력

비누, 샴푸, 주방세제의 주요 성분은 '계면활성제'다. 이 물질은 물과 기름 양쪽 모두와 잘 어울리는 성질이 있다. 이 때문에 물과 기름을 잘 섞이게 할 수 있다. 그래서 물에 녹지 않는 기름 성분의 때를 뺄 때에는 계면활성제가 꼭 필요하다.

계면활성제의 또 다른 효과는 표면장력을 약하게 만드는 것이다. 물은 기름보다 표면장력이 훨씬 큰데, 계면활성제를 물에 녹이면 표면장력이 작아져서 물과 기름이 쉽게 섞인다.

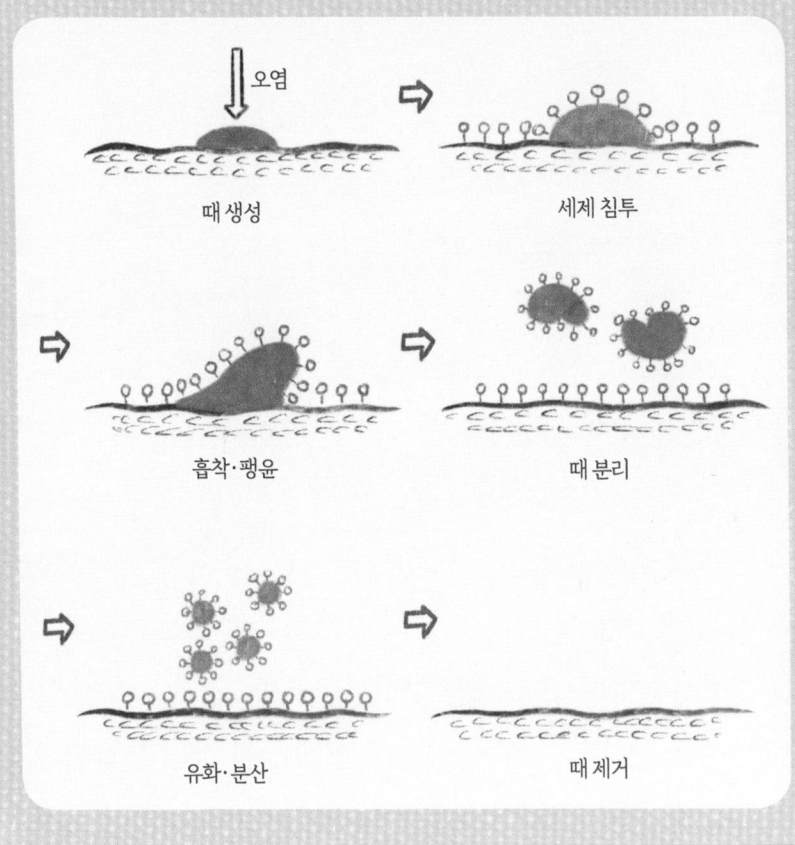

오염

때 생성 　　　　　 세제 침투

흡착·팽윤 　　　　　 때 분리

유화·분산 　　　　　 때 제거

비례로 바람 왕국의 다섯 열쇠를 찾아라!

리가 많던데. 그나저나 사이클론, 물고기랑 이야기해 봐야지.”

어느새 사이클론 왕자 앞에 몇 마리의 물고기가 몰려들었다. 사이클론 왕자는 다가온 물고기들을 가만히 바라보았다.

잠시 후, 사이클론 왕자가 고개를 저었다.

“글쎄, 열쇠에 관해서는 잘 모르겠다고 하네.”

“사이클론, 한 가지 힌트가 더 있잖아. 타원형 모양이고 녹색빛을 띠는 뭔가가 없는지 말이야.”

사이클론 왕자가 고개를 끄덕이고 나서 한 번 더 물고기들을 바라보았다.

잠시 후, 사이클론 왕자가 또다시 고개를 저었다.

“잘 모르겠다는데.”

장풍이 일행은 곰곰이 생각에 잠겼다.

“타원형이고 녹색인 게 도대체 뭘까?”

다들 생각에 잠긴 모습이 심심했는지 돌개가 연못을 따라서 종종걸음을 쳤다. 그러다 연못을 한 바퀴 돌기로 작정했는지 가장자리를 따라 뛰기 시작했다.

“에잇, 모르겠다! 뭔가 좋은 생각이 안 나니까 뛰면서 머리를 싹 비워야지.”

장풍이도 돌개를 따라 뛰기 시작했다. 연못은 정말 깨끗해서 안이 훤히 보일 정도였다. 혹시 연못 아래에 열쇠가 가라앉아 있지 않을까 하는 생각에 뛰면서 물속을 들여다봤지만 아무것도 찾을 수 없었다.

"이 안에 조그만 세상이 있는 것 같아. 안 그래, 돌개야?"

크고 작은 물고기들이 헤엄을 치고 여러 가지 풀이 자라고 있었다. 조금 더 달리니 햇빛이 반사되어 반짝이는 물은 옅은 녹색을 띠고 있었다.

"엥, 여기는 뭐 이래? 물 색깔이 옅은 녹색이잖아?"

장풍이는 달리기를 뚝 멈추고 물속을 들여다봤지만 물이 녹색인 이유를 찾을 수 없었다. 돌개도 킁킁거리면서 냄새를

맡아 보았지만 이내 고개를 절레절레 저었다.

"흠, 이상하네. 이게 도대체 뭘까? 하늬한테 이야기해 볼까?"

장풍이는 돌개와 함께 다시 뛰어갔다.

"응? 물 색깔이 녹색이라고?"

장풍이가 헉헉거리면서 녹색으로 빛나는 물을 봤다고 말하자 하늬는 눈을 크게 떴다.

"그렇다니까. 옅긴 하지만 물 색깔이 분명 녹색이었어. 그렇지, 돌개야?"

그렇다는 건지 어쩐지는 몰라도 돌개가 멍멍 짖었다.

"뭘까? 같이 가서 보자."

모두 일어나서 연못을 따라 걸었다.

"여기야."

얼마쯤 걸었을까? 장풍이가 뚝 멈추더니 물을 가리켰다. 정말로 옅은 녹색을 띤 물이 보였다.

"가만, 학교에서 뭔가 배웠는데……. 아, 맞다!"

하늬가 손뼉을 짝 쳤다.

"유글레나!"

장풍이가 갑자기 손바닥으로 이마를 툭 쳤다.

"맞아, 유글레나일지도 모르겠다. 우리가 본 그 힌트가 녹색에 럭비공 모양이었잖아. 생각해 보니 유글레나가 그런 모양이지!"

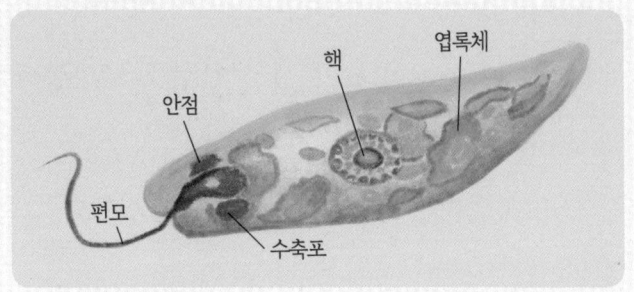
"유글레나?"

사이클론 왕자가 고개를 갸우뚱했다.

"동물이기도 하고 식물이기도 한 녀석이 있거든."

"엥, 동물이면서 식물이라는 말이야?"

장풍이는 마침 학교에서 유글레나에 대해 배웠기 때문에 신이 나서 이야기했다.

"유글레나는 스스로 움직일 수 있어서 동물 같기는 한데, 몸속에 엽록체를 가지고 있어. 식물처럼 햇빛을 받아 영양분을 만들 수 있

지. 아마 이 녀석들 지금 햇빛이 쨍쨍하니까 광합성을 하려고 물
위에 모여 있을 거야."

"아하, 그렇구나. 하늬만 똑똑한 줄 알았는데 이제 보니 장풍이
도 똑똑한데?"

엽록체는 어떻게 영양분을 만들까?

식물은 뿌리에서 물을 빨아들이고 공기로부터 이산화탄소를 빨아들인다.
엽록체가 빛을 받으면 그 에너지를 이용해서 물과 이산화탄소로 녹말과
산소를 만든다. 녹말은 저장해 뒀다가 당분으로 바꿔 영양분으로 쓰고, 산
소는 다시 공기로 내보낸다. 동물이 호흡으로 산소를 마시고 이산화탄소
를 내놓는 것과 반대다. 그래서 식물은 동물이 살아갈 수 있을 만한 산소
가 지구에 충분히 유지되도록 하는 중요한 일을 한다.

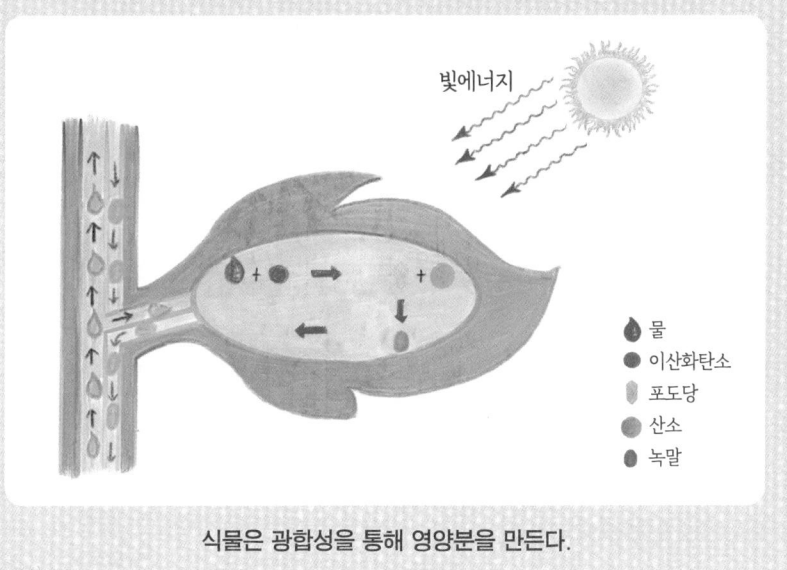

빛에너지

물
이산화탄소
포도당
산소
녹말

식물은 광합성을 통해 영양분을 만든다.

"뭐야, 나는 그럼 멍청한 줄 알았다는 거야?"

"아, 미, 미안. 그런 건 아니고……."

"하하, 농담이야. 근데 이게 진짜 유글레나가 맞을까?"

하늬가 머리를 긁적였다.

"유글레나는 워낙 크기가 작아서 눈으로는 볼 수 없어."

"음, 크기가 얼마나 작은데?"

"제일 큰 것도 500μm(마이크로미터)라고 하니까."

"마이크로미터?"

"응, 1μm는 $\dfrac{1}{1000000}$m야."

"헉, 그럼 500μm면……."

"$\dfrac{500}{1000000}$이니까 $\dfrac{5}{10000}$이고, 0.0005m가 되네."

"그럼 0.5mm가 되는 건가? 그 정도면 눈으로 보이지 않아?"

"제일 큰 게 그 정도고 제일 작은 건 15μm라고 하더라고."

"제일 작은 것과 제일 큰 것의 차이가 15 : 500…… 3 : 100이네."

"응, 제일 큰 게 100이라면 제일 작은 건 3인 셈이야. ★백분율로 하면 제일 작은 건 제일 큰 것의 3%밖에 안 되는 크기라고."

★ **백분율**
전체 수를 100과의 비로 나타내는 방법. 기호 %로 표현한다.

"여기 있는 건 작은 것들인가 봐. 맨눈으로 봐서는 어떻게 생겼는지 잘 모르겠다."

"어쩌면 이게 도움이 될지도 모르겠네."

사이클론 왕자가 메고 있던 작은 가방에서 뭔가를 꺼냈다. 쌍안경과 비슷하게 생긴 것이었다.

"이게 뭐야?"

"가끔 숲이나 연못을 관찰할 때 쓰는 건데, 눈으로 잘 안 보이는 작은 걸 크게 만들어 줘."

"오호, 현미경 같은 거네?"

"그렇지, 사람들이 쓰는 현미경하고 비슷해. 그럼 한번 볼까?"

사이클론 왕자가 휴대용 현미경을 눈에 대고 녹색빛이 도는 물을 살펴보았다.

"오! 정말이네. 너희도 한번 봐."

하늬가 휴대용 현미경을 받아서 들여다보니 정말로 녹색빛을 띤 타원형 생물이 잔뜩 모여 있었다.

"유글레나야. 분명 우리가 본 힌트는 바로 이 유글레나일 거야."

하늬가 들떠서 외치자 장풍이가 말을 받았다.

"그런데 열쇠는 어디에 있지?"

"혹시 이 물 아래에 있지 않을까?"

"그럴까? 연못이 얕아 보이니까 들어가서 찾아도 괜찮을 것 같은데."

"잠깐, 조심해! 생각보다 얕지 않을 수 있어."

"잉, 그런가?"

79

"그래, 빛이 ★굴절되잖아."

"아차, 맞다! 하늬 말이 맞네."

"굴절 때문에 얕아 보인다고?"

사이클론 왕자의 물음에 하늬가 나뭇가지로 땅바닥에 슥슥 그림을 그렸다.

"햇빛이 연못 바닥까지 들어갔다가 반사돼서 나오는 빛이 우리 눈으로 들어오는 거야. 이때 빛이 물에서 나오면서 굴절돼."

하늬의 설명에 장풍이도 거들고 나섰다.

"맞아, 그렇지. 하지만 우리 눈에는 이렇게 굴절되는 게 아니라 그냥 똑바로 빛이 들어오는 것처럼 보인단 말이야. 그래서 눈에 보이는 바다 깊이는 실제 깊이보다 얕아 보여."

"아, 그렇구나. 연못이나 개울 바닥이 보기보다 깊다는 건 알았지만 그런 원리가 있는 줄은 몰랐네."

"그나저나 생각보다 깊다면 어떻게 열쇠를 찾아본다?"

"음, 부탁해 볼까?"

"누구한테?"

"쟤들한테 말이야."

사이클론 왕자가 손가락으로 가리킨 곳에는 여러 마리의 송사리가 여유롭게 헤엄치고 있었다. 어떤 녀석은 물 위로 뛰어오르기도

★ **굴절**
빛이나 소리가 한 매질에서 다른 매질로 갈 때 그 경계면에서 진행 방향이 바뀌는 현상.

빛의 굴절 때문에 바닥 깊이가 실제보다 더 얕아 보인다.

하면서 놀고 있었다.

　사이클론 왕자가 송사리들을 가만히 바라보자 송사리들은 몸을 돌려 사이클론 왕자 쪽으로 다가왔다. 좀 더 바라보고 있으니 송사리들은 뭔가 알았다는 듯이 물속으로 깊숙이 들어갔다.

　"오호, 진짜 말이 통하나 봐?"

　"휴우, 아빠는 정말 쉽게 하는데 난 많이 힘들어. 연습을 열심히 했어야 하는데."

　잠시 후, 송사리들이 다시 모습을 드러냈다.

　"어, 저 녀석 봐?"

　　장풍이가 송사리 한 마리를 가리켰다. 그 녀석은 뭔가 반짝이는 것을 입에 물고 있었다.

　　"어머, 열쇠인가 봐!"

　　"송사리가 여기까지 올 수는 없으니까 내가 받으러 갈게."

　　장풍이가 첨벙첨벙 연못으로 들어가자 송사리는 입에 물고 있던 것을 장풍이의 손에 내려놓았다. 녹색빛을 은은하게 내는 타원형 모양의 작은 돌이었다.

　　"우아! 이거 열쇠 맞지?"

　　흥분한 장풍이가 물에서 나오지도 않은 채 열쇠를 쥐고 흔들어 댔다. 사이클론 왕자도 흥분해서 장풍이에게 소리쳤다.

"맞아, 열쇠야! 떨어뜨리지 말고 조심해서 가지고 나와야 해!"

드디어 사이클론 왕자의 손에 두 번째 열쇠가 들어왔다.

"고마워, 송사리들아!"

사이클론 왕자가 송사리들을 보고 크게 소리쳤다. 송사리들은 말을 알아들은 건지 물 위를 팔딱팔딱 뛰어오르더니 몸을 돌려 다른 곳으로 헤엄쳐 가기 시작했다.

"너희가 도와준 덕분에 벌써 열쇠를 두 개나 찾았네. 하지만 아직 세 개를 더 찾아야 하는데……. 계속 도와줄 거지?"

"당연하지! 빨리 세 번째 열쇠를 찾으러 가자."

처음에는 이 모험을 내키지 않아 했던 장풍이가 이제는 더 신나서 외치고 있었다.

QUIZ 3

장풍이가 연못을 $\frac{2}{3}$ 바퀴 돌 때 돌개는 한 바퀴를 돈다. 둘이 함께 출발했다면 장풍이가 몇 바퀴를 돌 때 돌개와 출발 지점에서 다시 만날까? 이때 돌개는 몇 바퀴를 돌았을까?

4

곤충을 끌어들여 퍼트리는 꽃가루

장풍이 일행은 다시 신비로운 비석 앞으로 모였다.

"두 번째 열쇠도 찾았으니, 이제 세 번째 열쇠는 어디서 찾을 수 있는지 알려 줘."

잠시 후, 비석에서 밝은 빛이 나기 시작했다.

"이번에는 또 뭘까?"

비석 위로 흐릿한 모양이 나타나더니 이내 뚜렷해졌다.

"이건 꽃이네. 완전 새빨갛잖아."

장풍이가 고개를 끄덕였다.

"그런데 이번에는 다른 힌트가 없나?"

기다려 보았지만 또 다른 힌트는 나타나지 않았다. 기다리다 못

해 하늬가 입을 열었다.

"일단 이번 수수께끼는 힌트 없이 풀어야 하나 봐. 그나저나 이 꽃은 어디서 찾아야 하지? 숲에 이런저런 꽃이 많은 것 같은데. 어때, 사이클론?"

"음, 저기가 아닐까?"

사이클론 왕자는 손을 뻗어 어딘가를 가리켰다. 그곳에는 햇빛이 잘 드는 작은 언덕이 있었고, 그 꼭대기에 유난히 크고 빨간 꽃이 딱 하나 피어 있었다.

얼마 후, 장풍이 일행은 자그마한 언덕 위에 도착했다. 가까이에서 보니 꽃은 시들어서 꽃잎도 이파리도 축 늘어져 있었다.

"사이클론, 꽃이 좀 이상하지 않아? 활짝 피어 있어야 하는데."

"그러게, 시들어 있는 것 같아."

"아무래도 이 꽃을 다시 피게 해야 할 것 같네."

꽃 앞에는 조그만 팻말이 있었다. 일행은 그 팻말에 적힌 내용을 읽었다.

"꽃이 시들었다면 정확히 4.5L의 물을 줘야 한다. 이보다 적게 주면 꽃이 피지 않고 이보다 많이 주면 뿌리가 썩을 수 있다."

팻말 아래에는 물통 두 개가 놓여 있었다.

"어라? 이건 물통이잖아."

"이 물통으로 물을 주면 되겠다."

한 물통에는 0.4L, 다른 하나에는 0.7L이라고 쓰여 있었다.

"저 언덕 아래에 조그만 샘물이 있으니까 거기서 물을 떠다 주면 되겠어. 그런데 이 물통으로 어떻게 4.5L를 줄 수 있지?"

사이클론 왕자의 말에 장풍이가 생각에 잠겼다.

"0.7L가 큰 물통이니까 이걸로 물을 뜨면 되겠다. 몇 번 갔다 오면 되려나? 4.5를 0.7로 나누면 답이 나오겠네."

하늬는 장풍이의 말을 듣고 일단 수를 계산하기 쉽게 만들었다.

"소수점은 계산하기 어려우니깐 우선 10을 곱하면 $45 \div 7$. 이를 계산하면 $6.428571 \cdots$. 이런 나누어떨어지질 않네."

"어쨌든 여섯 번보다는 많고 일곱 번보다는 적다는 말이구나."

"응, 0.7L씩 여섯 번이면 4.2L고, 일곱 번이면 4.9L니까."

"그럼 0.7L 물통으로 여섯 번 물을 주고, 0.3L를 더 줘야 한다는 건데……."

그때 사이클론 왕자가 끼어들었다.

"잠깐, 우리는 셋인데 굳이 물통을 하나만 쓸 필요는 없잖아. 큰 통, 작은 통 다 쓰는 게 좋지 않아? 그러면 더 빨리 끝날 텐데."

"사이클론 말이 맞아. 둘 다 쓰면 한 번에 1.1L를 가져올 수 있어."

"네 번 갔다 오면 4.4L인데 그럼 0.1L가 모자라잖아."

"후, 어떻게 이 물통으로 정확히 0.1L를 만들지?"

하늬는 물끄러미 물통을 바라보았다.

"여기다 물을 담고, 저기다가 옮긴 다음에……. 아, 그래! 생각보다 간단하네."

"잉, 간단하다고?"

"작은 통은 0.4L, 큰 통은 0.7L이니까. 먼저 큰 통을 비운 다음 작은 통으로 물을 떠 와서 큰 통에 붓는 거야. 그럼 큰 통에 얼마나 물을 더 부을 수 있지?"

"0.7 − 0.4 = 0.3L이겠지."

"그래, 그리고 작은 통으로 물을 한 번 더 떠 와서 큰 통이 꽉 찰 때까지 붓는 거야. 그러면 작은 통에 물이 얼마나 남을까?"

"아, 맞네! 큰 통에 0.3L를 더 부을 수 있으니까 0.4 − 0.3 = 0.1L만 남잖아!"

"그래, 이렇게 하면 0.3L를 만드는 것도 간단해."

장풍이가 고개를 끄덕이면서 말했다.

"작은 통을 비우고 큰 통에 물을 떠 와서 작은 통이 꽉 차도록 부으면 0.7 − 0.4 = 0.3이니까. 가만, 그러면 한 번만 갔다 오면 되네."

"이제 전체적으로 계산해 보자. 0.7L 통만 쓰면 0.7L × 6 = 4.2L. 남은 0.3L를 만들기 위해서 한 번 더 가야 하니깐 총 일곱 번을 다녀와야 해."

"둘 다 쓰면 어떻게 돼?"

"0.4L + 0.7L = 1.1L니까 1.1L × 4 = 4.4L. 남은 0.1L를 만들기 위해서는 두 번 더 다녀와야 하지. 그럼 총 여섯 번이야.

"두 물통을 같이 쓰면 한 번은 덜 갈 수 있네."

큰 통만 사용하면 총 일곱 번을 다녀와야 한다.

"좋아, 계산한 대로 해 보자."

장풍이 일행은 물통으로 물을 퍼 나르기 시작했다. 번갈아 가면서 한 명이 쉬고, 나머지 둘이 물을 떠 오는 식이었다. 그렇게 세 번을 떠서 물을 주고, 네 번째로 장풍이와 하늬가 물을 길어 왔다.

"조심조심! 흘리면 양이 달라진다고."

"뛰어서 왔다 갔다 하면 훨씬 빠를 텐데. 오히려 이렇게 조심조심해야 하니까 더 힘든 것 같아, 휴우."

"힘내자. 이걸 다 부으면 이제 4.4L가 되잖아."

"자, 그럼 붓는다."

장풍이가 큰 물통을 촤악 부었다. 하늬도 뒤따라 물을 부으려다가 갑자기 멈추었다.

"잠깐!"

"왜 그래, 하늬야?"

"아까 세 번 갔다 와서 3.3L이고 방금 0.7L를 또 부었으니까 지금까지 4L를 부은 거잖아. 이제 0.5L를 더 부어야 하고."

두 통을 모두 사용하면 총 다섯 번을 다녀와야 한다.

"그렇지."

"그럼 작은 물통으로만 한 번 더 떠오면 되겠다."

"엥, 그래?"

하늬는 작은 물통에 가득 담긴 물을 큰 물통에 부었다.

"큰 물통에는 아직 0.3L를 더 담을 수 있잖아."

"응, 그다음에는?"

"작은 물통에 물을 떠 온 다음에 큰 물통을 꽉 채우면?"

"그러면 0.1L가 남겠네."

"그걸 꽃에 준 다음에 다시 큰 물통에 있는 물로 작은 물통을 꽉 채우면?"

"아하, 그러면 0.4L를 더 줄 수 있으니까 합쳐서 0.5L네."

장풍이는 언제 힘들었냐는 듯 신이 나서 물을 떠 왔다. 그리고 하늬가 말한 대로 큰 물통을 꽉 채우니 작은 물통에 물이 $\frac{1}{4}$ 정도만 남았다.

"이걸 꽃에다 주고."

비례로 바람 왕국의 다섯 열쇠를 찾아라!

남아 있는 물을 꽃에 준 다음, 사이클론 왕자가 큰 물통의 물을 작은 물통에 가득 부었다.

"자, 그럼 마지막 0.4L 갑니다!"

장풍이는 작은 물통에 가득 찬 물을 꽃에게 천천히 부었다. 하지만 꽃은 별다른 변화가 없었다.

"기다려 보자. 꽃이 물을 마시고 살아날 때까지는 시간이 필요하잖아."

"맞아, 뿌리에서 물을 빨아올려서 꼭대기까지 보내려면 시간이 필요할 거야."

잠시 후, 꿈틀거리는 모습이 보이더니 축 늘어졌던 꽃잎이 조금씩 펴지기 시작했다.

"우와, 꽃이 살아나나 봐!"

꽃잎 색깔도 더욱 선명한 빨간색으로 빛나는 것 같았다. 이윽고 꽃은 아름다운 모습으로 활짝 피어났다.

"성공! 우리가 정확하게 물을 줬나 봐."

"자, 그럼 열쇠는 어디에 있는 걸까?"

장풍이 일행은 꽃을 유심히 들여다보았다. 크고 아름다운 꽃이었지만 열쇠는 보이지 않았다.

"열쇠가 전혀 안 보이는데?"

"음, 꽃을 피운 것만으로는 안 되는가 본데."

그때 장풍이가 입을 열었다.

"꽃에 열쇠가 없다면 그다음에는 어디에서 찾아야 하는 걸까? 땅속에라도 묻혀 있나."

돌개가 꽃 주위를 이리저리 둘러봤지만 별달리 찾은 게 없는 모양이었다. 하늬가 고개를 흔들었다.

"어떻게 해야 하지? 그나저나 이렇게 꽃이 활짝 핀 걸 보니 참 예쁘다."

"그러게 말이야. 꽃은 왜 이렇게 예쁠까?"

"곤충들을 끌어들여서 꽃가루를⋯⋯."

갑자기 사이클론 왕자가 소리쳤다.

"맞다, 곤충!"

"곤충?"

충매화와 풍매화

식물이 꽃가루를 옮기는 방법은 크게 두 가지가 있다. 대부분 식물의 꽃은 곤충을 이용해 꽃가루를 나르는 충매화다. 반면 벼, 보리와 같은 곡식이나 소나무, 잣나무, 느티나무 등의 꽃은 바람을 이용해 꽃가루를 나르는 풍매화다.

봄철 꽃가루 알레르기를 일으키는 건 주로 풍매화다. 꽃가루가 바람을 타고 우연히 다른 나무의 암술에 묻어야 하기 때문에 충매화와는 비교도 안 될 정도로 많은 꽃가루를 만든다.

대부분의 식물은 곤충을 이용해 꽃가루를 나른다.

소나무, 잣나무 등은 바람을 이용해 꽃가루를 퍼트린다.

93

"곤충들이 꿀을 모을 때 수술에 있는 꽃가루가 몸에 묻잖아. 그 꽃가루가 암술에 닿으면 열매를 맺을 수 있단 말이야. 저 꽃이 열매를 맺는다면 그 안에서 열쇠가 나오지 않을까?"

"오오! 그거 그럴듯한데. 그러면 곤충이 와서 꿀을 빨도록 해야 하는데 곤충이 어디 있지?"

주위를 둘러봐도 곤충의 모습은 보이지 않았다. 그때 돌개가 어디론가 뛰어가기 시작했다.

"돌개야, 어디 가?"

"저 녀석, 혹시 눈치챈 거 아니야? 곤충이 있는 곳을 알아낸 거 같은데. 눈도 좋네."

하늬가 고개를 저었다.

"아니야, 개는 사람보다 시력이 훨씬 나빠. 색깔도 잘 구별을 못해. 대신 냄새 하나는 사람보다 훨씬 잘 맡으니까, 아마 곤충을 찾았다면 냄새로 찾았겠지."

그때 돌개가 멍멍 짖는 소리가 들려왔다. 언덕 아래 나무가 여러 그루 있는 곳에서였다.

"돌개가 뭔가 찾았나 봐. 내려가 보자."

소리가 나는 곳으로 가 보니 돌개가 어느 나무 위를 보면서 짖고 있었다. 하늬가 나무를 올려다보니 육각형 모양의 구멍이 빽빽하게 들어차 있는 벌집이 가지 사이로 보였다. 꿀벌 몇 마리가 그 주위를 맴돌고 있었다.

"어, 저기 벌집이 있네? 돌개가 또 한 건 했네! 어떻게 이 꿀벌들을 저 꽃이 있는 데까지 데려가지?"

"벌에 쏘이면 위험한데. 여기 있다가 쏘이는 거 아니야?"

장풍이가 걱정하자 하늬는 별 것 아니라는 투로 어깨를 으쓱했다.

"꿀벌은 자기가 공격당하지 않으면 함부로 공격하지는 않으니까. 거리를 두고 조심하면 돼."

장풍이가 고개를 끄덕이면서 말했다.

"사이클론, 혹시 재들하고는 소통이 안 돼?"

"거리가 멀기도 하고 너무 작아서 좀 힘들 것 같은데. 하지만 한 번 해 볼게."

사이클론 왕자가 벌집 주위를 돌고 있는 꿀벌을 가만히 응시했다. 하지만 별 반응이 없었다.

"휴, 아직 내 능력이 그 정도까지는 안 되는 건가."

"에이, 괜찮아. 뭐, 그럴 수도 있지."

장풍이가 사이클론 왕자의 등을 토닥거렸다. 그때 장풍이의 귀

1,500가지나 되는 꿀벌의 춤

꿀벌은 서로 소통하기 위해서 춤을 사용한다. 8자를 그리면서 꼬리를 흔들면 꽃을 찾았다는 뜻이다. 그런데 거리에 따라서 춤이 조금 다르다. 꽃이 가까운 곳에 있으면 원을 그리면서 춤을 추지만 멀 때에는 8자 춤을 춘다. 꽃이 있는 방향이나 이 꽃이 얼마나 가치가 있는지에 따라서도 춤 동작이 조금씩 다르다. 최근 연구 결과에 따르면 소통을 위한 춤 동작의 종류가 무려 1,500가지가 넘는다고 한다.

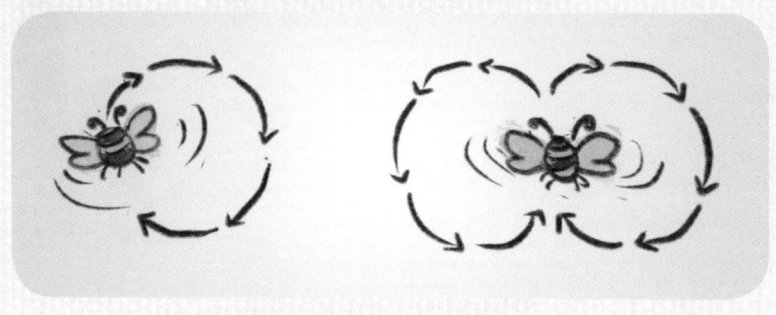

꿀벌은 춤을 추며 서로 소통한다.

에 윙윙거리는 소리가 들렸다.

"윽, 뭐야!"

어느새 꿀벌 한 마리가 윙윙대며 사이클론 왕자 앞에 떠 있었다.

"엇! 이 녀석이 알아들은 건가?"

사이클론 왕자는 마음을 가다듬고 꿀벌을 가만히 바라보았다. 그러자 꿀벌은 꽃이 있는 언덕 쪽으로 잠시 날아가더니 갑자기 제자리에서 8자를 그리면서 날기 시작했다.

비례로 바람 왕국의 다섯 열쇠를 찾아라!

"어라, 저 녀석 갑자기 뭐 하는 거야?"

"저건 꽃을 찾았다는 걸 다른 꿀벌들한테 알려 주기 위해서 그러는 거야. 꿀벌이 얼마나 영리한데. 저렇게 신호를 보내서 다른 꿀벌들과 소통을 한다고."

"어쨌든 사이클론, 이제 벌하고도 통하나 보구나!"

"글쎄, 잘 모르겠어. 정말로 통한 건지 그냥 우연히 꿀벌들이 발견한 건지. 아빠 말처럼 연습을 열심히 했어야 하는데……. 아빠 같았으면 벌써 저 꿀벌들을 다 몰고 다녔을 거야."

"에이, 아직 우리는 어리잖아. 열심히 연습하면 어른이 됐을 때는 아빠만큼 하겠지."

장풍이가 다시 사이클론 왕자의 등을 톡톡 두드렸다.

8자 비행을 하는 꿀벌의 움직임을 다른 꿀벌들도 보았는지 여러 마리가 다가왔고, 이들은 커다란 꽃을 향해 날아갔다. 꽃이 정말 컸기 때문에 여러 마리가 한꺼번에 앉아서 꿀을 빨아도 될 정도였다.

장풍이 일행도 꿀벌의 뒤를 따라서 꽃이 있는 곳으로 달려갔다. 꿀벌들은 꽃에 앉아서 부지런히 꿀을 모았고, 이윽고 다시 벌집을 향해서 날아갔다.

잠시 후, 꽃이 시들기 시작했다.

"어? 꽃이 또 시들었네. 다시 물을 떠 와야 되나?"

장풍이의 말에 하늬가 손을 들어 막았다.

"잠깐만, 우리 생각이 맞는다면 이제 꽃은 지고 열매가 만들어질 거야. 꽃 아래에 있는 씨방을 봐."

기분 탓일까? 자세히 보니 아까 꽃이 피었을 때보다 밑이 부풀어 오른 듯이 보였다. 그때 꽃잎이 한 잎 한 잎 뚝뚝 떨어지기 시작했다. 하늬가 작게 한숨을 쉬었다.

"아쉽다, 꽃이 참 예뻤는데. 열매가 빨리 생겼으면 좋겠어."

꽃잎이 떨어지자 씨방이 더 빠르게 부풀어 올랐다. 잠시 후, 씨방의 색깔이 녹색에서 붉은색으로 점점 변했다.

"와, 진짜 빠르네. 신기하다. 정말 신비한 숲이야."

곧이어 씨방은 빨간 열매로 탈바꿈했다. 사과보다 좀 더 큰, 정말로 빨갛고 먹음직스러운 열매였다.

"우와, 이것 봐! 드디어 열매가 열렸어. 이제 따도 되겠지?"

사이클론 왕자와 하늬가 활짝 웃으면서 고개를 끄덕였다. 장풍이는 손을 뻗쳐서 열매를 땄다.

"이 안에 열쇠가 들어 있으면 좋을 텐데. 그나저나 이걸 쪼개야 하잖아."

"저 바위에다 떨어뜨려서 깨 볼까?"

장풍이는 근처에 있는 바위로 가서 열매를 내리쳤다. 퍽 소리와 함께 열매가 갈라졌고, 안에서 은은한 빛이 뿜어져 나왔다.

"우와, 이건 분명히 열쇠일 거야!"

노란빛을 은은하게 내는 타원형 모양의 작은 돌이 마치 열매 속의 씨처럼 박혀 있었다. 장풍이는 조심스럽게 돌을 꺼냈다.

"야호! 세 번째 열쇠야. 사이클론, 받아!"

장풍이는 뿜어져 나오는 빛을 신기한 듯이 보면서 사이클론 왕

자에게 열쇠를 건넸다.

"고마워, 덕분에 벌써 열쇠를 세 개나 찾았어."

하늬가 빙긋이 웃으면서 말했다.

"아직 두 개가 더 남았어. 빨리 남은 열쇠들도 모두 찾자."

"엣, 퉤퉤!"

갑자기 장풍이가 얼굴을 찌푸리면서 입에서 뭔가를 뱉어 냈다.

"장풍아, 너 혹시 그 열매 먹어 본 거야?"

"우웩, 맛있어 보여서 한 입 먹었는데 와, 엄청나게 셔. 도대체 뭐야, 이거."

"으이그, 산에서 자라는 건 아무거나 따 먹으면 큰일 나! 독이 있을지도 모른다고. 다시 비석 앞으로 빨리 가자."

QUIZ 4

벌은 반원을 그리면서 난 다음, 직선으로 날면서 엉덩이를 흔들다가 다시 반원을 그리고 직선을 그리는 식으로 춤을 춘다. 직선으로 날면서 엉덩이를 흔드는 시간은 다른 벌에게 아주 중요한 정보를 주는데 이는 무엇일까?

5

비례배분으로 굽는 신비한 빵

장풍이 일행은 다시 신비로운 비석 앞으로 모였다. 사이클론 왕자가 가만히 비석을 바라보면서 말했다.

"세 번째 열쇠도 찾았으니까 네 번째 열쇠는 어디서 찾을 수 있는지 알려 줘."

잠시 후, 비석에서 다시 신비로운 빛이 나기 시작했다.

"이번에는 어디서 찾아야 할까?"

비석 위에 흐릿한 모양이 나타나더니 점점 또렷하게 변했다.

"이게 뭐지?"

"이, 이건 빵 아냐?"

비석 위에 나타난 모양은 분명 빵이었다.

"윽, 이걸 보니까 갑자기 배가 고파진다."

장풍이가 배를 움켜쥐면서 말했다. 배에서는 꼬르륵 소리가 났다.

"여기저기 열심히 뛰어다녔더니 벌써 점심시간인 것 같아."

"아, 저게 진짜 빵이었으면 정말 좋겠다. 그런데 여기서 빵을 어떻게 구한다는 거야?"

"음……."

사이클론 왕자가 잠깐 생각에 잠겼다.

"이 숲에는 원래 조그만 마을이 있었어. 지금은 모두 성 안으로 이사를 가서 아무도 없는데, 옛날에는 가게도 있고 빵집도 있었다고 했거든. 혹시 거기에 가면 뭔가 답을 찾을 수 있지 않을까?"

"그럴듯한데. 그쪽으로 가 보자."

"으, 배고파. 거기 빵도 있었으면 좋겠다."

잠시 후, 장풍이 일행은 옛 마을에 도착했다. 나무나 벽돌로 만든 낡은 집과 가게가 옹기종기 모여 있었지만 사람은 전혀 보이지 않았다.

"여기가 마을이었구나."

"오래전에는 사람도 꽤 많았다 하더라고."

"그런데 왜 마을 사람들이 다 떠난 거지?"

"글쎄, 그건 나도 잘 모르겠어. 아빠도 이 마을에 대한 이야기는 잘 안 해 주셔."

하늬가 손가락으로 어딘가를 가리켰다.

"저기가 빵집 아닐까?"

하늬는 벽돌을 쌓고 나무로 지붕을 올린 작은 건물을 가리켰다. 지붕에는 작은 굴뚝이 솟아 있었다. 그리고 문 위에는 흐릿하게나마 빵 그림이 그려져 있었다.

"빵 그림을 보니까 정말 그런 것 같은데. 일단 들어가 보자."

장풍이가 낡은 손잡이를 돌리자 삐걱 소리가 나면서 문이 열렸다. 장풍이 일행은 빵집 안으로 들어섰다.

그곳에는 벽돌로 만든 빵 굽는 가마가 있었고, 큰 탁자 위에 널찍

한 나무판과 함께 빵을 만드는 데 쓰는 도구들이 가지런히 놓여 있었다. 시간을 재기 위한 모래시계, 몽당연필, 메모지, 그 밖에 갖가지 것들도 있었다.

탁자 아래에는 작은 포대도 몇 개 놓여 있었다. 마치 며칠 전까지만 해도 빵을 구운 듯, 비록 먼지는 쌓여 있었지만 생각보다는 가지런히 정돈된 모습이었다.

"정말 빵집이 맞는 것 같다. 여기 맛있는 빵만 있으면 좋겠는데."

장풍이 배에서 다시 꼬르륵 소리가 났다. 하늬와 사이클론 왕자가 키득거리면서 웃었다.

"사실 나도 배가 고프긴 한데. 장풍이는 진짜 배고픈가 봐."

"이번 열쇠만 찾으면 뭐라도 좀 먹자. 숲속에는 먹을 게 이것저것 있으니까."

"으엑, 사양하겠어! 아까 그 열매는 너무너무 시고 맛이 없었거든."

장풍이가 손을 휘휘 내젓자 하늬와 사이클론 왕자가 다시 한번 웃음을 터뜨렸다.

"그나저나 열쇠는 어디서 찾지?"

다들 여기저기 두리번거렸다. 그러다가 하늬가 빵 굽는 가마 옆 기둥에 붙은 종이를 발견했다.

"어, 이게 뭘까? 뭔가 쓰여 있는데."

하늬는 종이에 쓰여 있는 내용을 소리 내어 읽었다.

〈신비한 빵 굽는 법〉

재료
신비한 밀가루 360g, 설탕 : (A)g
소금 : (B)g, 물 : (C)mL, 효모 : 약간

만드는 순서
① 재료를 잘 반죽한 다음 모래시계를 (D)번 뒤집을 동안 발효시킨다.
② 가마에 불을 피운 후 반죽을 넣고 모래시계를 (E)번 뒤집을 동안 굽는다.

"뭐, 뭐야 이건. A, B, C, D, E?"

장풍이는 뜨악한 표정으로 쪽지를 쳐다보았다. 하늬가 쪽지를 뒤집자 뭔가 더 쓰여 있었다.

① A와 B의 비율은 5 : 2다.

② A와 B를 곱하면 신비한 밀가루의 양이다.

③ C는 A와 B의 최소공배수다.

④ D는 A와 B의 최대공약수를 이루는 두 수 중 작은 것이다.

⑤ E는 A와 B의 최대공약수를 이루는 두 수 중 큰 것이다.

"으악, 이게 뭐야! 갑자기 무슨 이상한 수학 문제가 나와."

장풍이가 머리를 싸쥐면서 얼굴이 벌게졌다. 사이클론 왕자도 표정이 영 좋지 않았다.

"배우긴 했는데 이렇게 보니까 어떻게 해야 할지 모르겠네."

하늬는 앞뒤를 번갈아 뒤집으면서 쪽지를 곰곰이 살펴보았다.

"뭐, 문제는 풀라고 있는 거니까. 풀어 봐야지. 최대공약수는 두 수를 모두 나누어떨어지게 하는 공약수 중에서 가장 큰 수야."

"쳇, 나도 그 정도는 알아. 최소공배수는 두 수의 공배수 중에서 가장 작은 수잖아."

"네가 모를 것 같아서 이야기한 건 아니야. 나도 다시 한번 되새겨 보려고 말한 거지. 아무튼 일단 A와 B를 곱하면 360이라는 거잖아. 그럼 360의 약수를 최대한 써 보면 A와 B가 무엇인지 감이 잡히지 않을까?"

하늬는 탁자에 있는 몽당연필과 메모지를 가져왔다.

"360이면 일단 36×10인 건 금방 알겠다."

하늬는 말을 하면서 쓱쓱 써 내려 갔다.

"36이면 6×6이겠네. 10는 5×2고."

사이클론이 옆에서 거들었다.

"6은 3×2."

장풍이도 옆에서 한마디 거들었다. 하늬는 360을 더 이상 나누어지지 않는 수의 곱셈으로 풀어 쓸 수 있게 됐다.

"그럼 360은 $3 \times 2 \times 3 \times 2 \times 5 \times 2$가 되네. 이제 여기서 어떻게 해야 하지?"

하늬도 쉽게 답을 찾기 어려운지 연필로 머리를 톡톡 치고 있었다.

"A가 2이고 B가 180일 수도 있잖아. 아니면 A가 3이고 120일 수도 있고."

그때 사이클론 왕자가 다시 한번 쪽지를 보더니 하늬의 메모를 가리켰다.

"A와 B의 비율이 5:2라고 했잖아. 360의 곱에 5하고 2가 있으니까 일단 이게 하나씩 들어가지 않을까?"

"아, 맞다! 그 조건이 있었지."

비례로 바람 왕국의 다섯 열쇠를 찾아라!

그리고 보니 360의 곱을 이루는 수 중에 5와 2를 빼면 3과 2가 각각 두 개씩 남았다.

"딱이네, 이거!"

"A는 $5 \times 3 \times 2 = 30$이고, B는 $2 \times 3 \times 2 = 12$가 되네!"

"이렇게 되면 최대공약수도 자동으로 $3 \times 2 = 6$이 된다는 거! 그럼 D는 2, E는 3이야."

"최소공배수도 바로 나오네. C는 $5 \times 2 \times 6 = 60$!"

이제 신비한 빵 굽는 법의 비밀이 밝혀졌다.

장풍이가 신난다는 듯이 팔을 걷어붙였다.

"자, 그럼 시작해 볼까? 그런데 신비한 밀가루가 어디 있지?"

〈신비한 빵 굽는 법〉

재료
신비한 밀가루 360g, 설탕 : (30)g
소금 : (12)g, 물 : (60)mL, 효모 : 약간

만드는 순서
① 재료를 잘 반죽한 다음 모래시계를 (2)번 뒤집을 동안 발효시킨다.
② 가마에 불을 피운 후 반죽을 넣고 모래시계를 (3)번 뒤집을 동안 굽는다.

"탁자 밑에 있는 저 포대가 아닐까?"

사이클론 왕자가 포대를 들어서 탁자 위에 올려놓았다. 포대를 열어 보니 평범한 밀가루 같으면서도 뭔가 영롱한 빛이 반짝거리는 가루가 있었다.

"이게 양이 얼마나 되지? 한 포대에 600g이네. 우리가 필요한 양은 360g인데."

"음, 이걸 어떻게 재야 하나?"

하늬가 옆에 있는 손저울을 가지고 왔다. 막대기 양쪽 끝에는 통이 하나씩 줄에 매달려 있고, 가운데에도 손잡이가 달린 줄이 있었

다. 막대기에는 일정한 간격으로 마디가 파여 있어서 통이나 손잡이의 위치를 옮길 수 있었다.

"음, 이걸로 양쪽의 균형을 맞춰서 무게를 재면 되겠네. 그런데 이걸로 어떻게 360g을 재지?"

"일단 포대에 있는 밀가루가 600g이잖아."

"음, 그럼 360g을 분수로 나타내면 $\dfrac{360}{600}$g가 되네.

하늬는 메모지에 장풍이의 말을 받아 적었다.

"이걸 약분하면 $\dfrac{360}{600} = \dfrac{36}{60} = \dfrac{6}{10} = \dfrac{3}{5}$. 그러니까 360g은 600g의 $\dfrac{3}{5}$인 거야."

"$\dfrac{6}{10}$인 셈이니 소수로는 0.6이고 백분율로는 60%구나."

"맞아, 한 포대는 360g + 240g = 600g이지. 이걸 ★비례배분해 보면……."

★ **비례배분**
어떤 수량을 특정한 비와 같아지도록 나누는 것.

"360g이 $\dfrac{3}{5}$이니까 240g은 $\dfrac{2}{5}$겠지. 비율로는 3 : 2가 되네."

"그럼 저울의 양쪽에 밀가루를 부어서 비율이 3 : 2가 되도록 해 보자."

하늬의 말에 사이클론 왕자와 장풍이는 고개를 끄덕였다. 하늬가 저울을 들었다.

"왼쪽에 360g이 들어가고 오른쪽에 240g이 들어갔을 때 이 저울이 딱 평형을 이루도록 조정하면 돼."

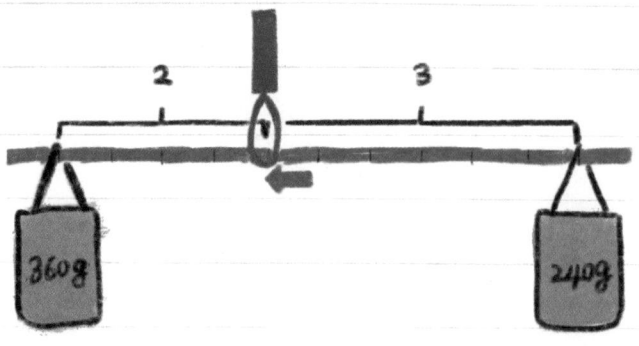

"음, 왼쪽이 더 무거운데. 평형이 맞으려면 어떻게 하지?"

"중심에서 왼쪽의 거리가 오른쪽보다 더 짧으면 되잖아. 3 : 2 비율의 반대로."

"아하, 그렇구나."

장풍이가 막대기를 살짝 들어서 손잡이 위치를 바꾸었다.

"이건 학교에서 배운 비례배분식을 이용하면 되겠다. 홈이 10개로 나뉘어 있으니까 왼쪽과 오른쪽이 2 : 3이 되려면 왼쪽은 $10 \times \dfrac{2}{2+3} = 4$, 오른쪽은 $10 \times \dfrac{3}{2+3} = 6$이 되네."

"왼쪽과 오른쪽 마디가 각각 4와 6이 되도록 손잡이를 옮기면 되는 거지?"

"오호, 완전 정답인데!"

"나도 이 정도는 하지."

장풍이는 양쪽 통에 번갈아 가면서 조심스럽게 밀가루를 조금씩 부었다. 저울은 왼쪽, 오른쪽으로 이리 기울었다 저리 기울었다 했다. 밀가루를 다 붓고 나니 저울은 오른쪽 아래로 조금 기울어져 있었다.

"오른쪽이 좀 더 무겁다는 뜻이네. 오른쪽에 있는 밀가루를 조금씩 떠서 왼쪽으로 옮겨 보자."

장풍이는 탁자에 있는 숟가락으로 밀가루를 떠서 옮겼다. 오른쪽으로 기울어진 저울이 조금씩 왼쪽은 아래로, 오른쪽은 위로 올라가면서 균형을 맞추어 나갔다.

"자, 이거 한 숟갈만 더 하면……."

오른쪽에서 마지막 한 숟갈을 떠다가 왼쪽으로 옮기자, 드디어 저울 막대기가 딱 수평을 이루었다.

"오호, 이제 딱 수평이네. 그럼 왼쪽에 있는 밀가루가 정확히 360g인 거지?"

"그렇지, 오른쪽에 있는 건 240g일 거고. 우리는 왼쪽에 있는 것만 쓰면 돼."

사이클론 왕자가 조심스럽게 왼쪽 통에 있는 밀가루를 큰 그릇에 옮겨 담았다.

"다음에는 물을 넣어야 해. 60mL이 필요한데 여기 물통이 하나 있네."

사이클론 왕자가 탁자 아래에 놓여 있는 물통을 집었다. 직육면체 모양 물통이었다.

"★부피가 얼마인지 전혀 쓰여 있지 않네."

"참, 사이클론. 줄자 가지고 있지 않아? 우리가 직접 재어 보면 되잖아."

"줄자로는 길이만 잴 수 있잖아."

"그거면 충분해. 물 1L는 1000cm³야. 그래서 가로, 세로, 높이가 모두 10cm인 정육면체 안에 물이 꽉 차 있으면 1L가 되지."

"아하, 알았어. 자, 여기 줄자."

장풍이는 사이클론 왕자에게 줄자를 받아서 물통 바깥의 길이를 쟀다.

"가로가 8.5cm, 세로가 5.5cm, 높이가……."

"에잇, 땡! 그렇게 재면 안 되지."

하늬의 말에 장풍이가 뒤돌아보았다.

"물은 물통 안에 채워지잖아. 두께가 있으니 안쪽을 재야지."

"아차차, 맞다!"

다시 안쪽을 재어 보니 가로 8cm, 세로 5cm이었다.

"밑바닥의 넓이가 40cm²니까, 60mL가 되려면 높이가 얼마여야 되지?"

하늬가 잠깐 생각하다가 입을 열었다.

"1L는 1000mL야, 그렇지?"

장풍이가 고개를 끄덕이면서 말했다.

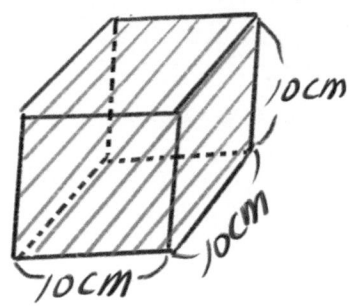

가로, 세로, 높이가 모두 10cm인 정육면체 안에 물이 꽉 차면 1L = 1000mL가 된다.

"그럼 1mL는 $\frac{1}{1000}$L인 거네."

"1L가 부피로는 1000cm³니까, 1cm³는 $\frac{1}{1000}$L이잖아."

"엥, 그러면 1mL = 1cm³가 되네?"

"맞아, 그럼 가로, 세로, 높이가 모두 1cm인 정육면체에 물이 꽉 차면 1cm³, 그러니까 1mL인 거구나."

"이렇게 생각해 보자. 물통 밑면 넓이가 40cm²이라고 했잖아."

잠자코 있던 사이클론 왕자가 한마디 거들었다.

"만약 높이가 1cm라면 40cm³, 그러니까 40mL 되는 건가?"

"그래, 바로 그거야!"

"답은 간단하네. 60 = 40 + 20이니까 40mL의 반, 20mL만 더 있으면 되네."

"그럼 0.5cm만 더 있으면 되잖아. 높이 1.5cm까지 물을 담으면

60mL인 거야."

"오케이!"

장풍이가 통 안쪽에 줄자를 대서 높이를 재고, 사이클론 왕자가 연필로 1.5cm 높이에 표시했다. 그리고 바깥으로 나가서 물을 담아 왔다.

"다행히 근처에 샘물이 있었어. 딱 60mL에 맞춰서 가져왔어."

"설탕 30g, 소금 12g은 어떻게 하지?"

"일단 설탕은 아까 남은 밀가루 240g를 이용하면 될 것 같아."

"밀가루가 설탕보다 여덟 배 많으니까 비율은 1:8이네."

"음, 그럼 통의 위치도 옮겨야겠어."

사이클론 왕자는 저울에 달린 통의 위치를 옮겨 필요한 만큼 설탕 무게를 쟀다.

"좋았어. 이제 설탕 30g도 해결했고, 다음은 소금 12g인데."

"이제 밀가루는 비우고 설탕을 이용하면 될 것 같아."

사이클론 왕자가 신비한 빵 굽는 법이 적힌 쪽지를 보면서 이야기했다.

"설탕과 소금의 비율은 5:2니까, 마찬가지로 저울이랑 통을 조절하면 되겠지?"

마침내 장풍이 일행은 모든 재료를 정확하게 준비했다.

"이제 모든 재료를 큰 그릇에 담고, 효모도 약간 넣고, 열심히 반

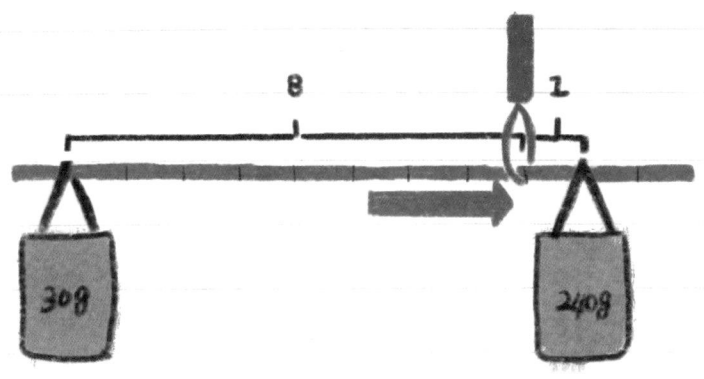

죽만 하면 되네."

"반죽은 내가 할게. 열쇠가 필요한 건 나니까. 내가 정성을 들여서 만들고 싶어."

"좋아, 그럼."

그릇을 받은 사이클론 왕자는 재료를 넣고 열심히 반죽했다. 그 모습을 바라보던 장풍이의 배에서 다시 꼬르륵 소리가 났다.

"으, 저 빵 다 구워지면 한 입만 먹어 보고 싶다."

하늬도 살짝 한숨을 내쉬었다.

"나도 살살 배고파지기 시작하네."

한참 반죽을 하던 사이클론 왕자가 이마의 땀을 닦으면서 말했다.

"휴, 이제 모래시계를 두 번 뒤집을 시간 동안 놔두면 되는 거지?"

사이클론 왕자가 모래시계를 뒤집었다. 시계 안의 모래가 스르륵 떨어지기 시작했다.

"가마에 불을 지펴야 하니까 나뭇가지나 마른 풀처럼 땔감이 될

만한 걸 찾아봐야겠어. 그런데 너희 표정이 왜 그래?"

"사이클론, 넌 배 안 고파?"

"아, 시간이 많이 지나긴 했네……."

사이클론 왕자의 배에서도 꼬르륵 소리가 났다.

"나가서 땔감도 찾고, 먹을 만한 게 있는지 찾아보자. 먹을 수 있는 열매를 몇 가지 알고 있어."

"오호, 그래? 그럼 빨리 나가자."

"잠깐, 한 사람은 남아야 해. 모래시계를 한 번 더 뒤집어야 하잖아."

"아차, 그럼 하늬랑 돌개가 남아 있을래? 우리가 다녀올게."

장풍이와 사이클론 왕자는 빵집을 나와 근처 숲으로 갔다. 사이클론 왕자가 나뭇가지와 마른 풀을 줍다가 어떤 나무를 가리켰다.

"저기 다래가 열려 있네. 저건 먹어도 괜찮은 열매야."

"저건 나도 하늬랑 산에 놀러 다니면서 몇 번 본 적이 있는 열매 같아."

사이클론 왕자가 다래를 몇 개 따서 장풍이에게 나눠 주었다.

"와, 달다. 엄청 맛있어. 배고파서 그런가?"

"그러게 말이야. 하지만 이 정도로는 부족하겠지?"

"그래도 이게 어디야. 하늬도 배고플 텐데 몇 개 가져다주자."

사이클론 왕자는 다래를 몇 개 더 따서 가방에 담았다. 그리고 마

른 나뭇가지를 좀 더 줍다가 다시 뭔가를 보고 말했다.

"저것도 한번 먹어 볼까? 저건 개복숭아라고 하는 건데."

"개복숭아?"

"응, 가끔 산에서 볼 수 있는 야생 복숭아야. 아마 과수원에서 기르는 복숭아처럼 맛있지는 않아도 먹을 만할걸."

사이클론 왕자는 개복숭아를 몇 개 따서 장풍이에게 나눠 주었다.

"윽, 이건 좀 시다. 그래도 아까 그 꽃에서 열렸던 것보다는 먹을 만하네. 이것도 하늬한테 몇 개 가져다주자."

다래와 개복숭아는 먹을 수 있는 산열매다.

둘은 땔감과 열매를 모아서 빵집으로 돌아왔다.

"마침 잘 왔어. 모래가 다 떨어져서 한 번 뒤집었거든. 이제 또 슬슬 모래가 다 떨어져 가네."

"응, 땔감도 좀 모아 왔고, 열매도 구해 왔어. 자, 이거라도 먼저 먹을래?"

사이클론 왕자가 열매 몇 개를 건네자 하늬의 얼굴이 환해졌다.

"이건 다래하고 개복숭아네? 나도 가끔 산에서 따서 먹던 건데, 고마워!"

장풍이가 뭔가 생각났다는 듯이 사이클론 왕자에게 말했다.

"가만, 그런데 불은 어떻게 피우지? 땔감은 구해 왔지만 성냥이 없잖아."

"아, 그건 나한테 맡겨 둬."

사이클론 왕자가 가방에서 뭔가를 꺼냈다.

"부싯돌이야. 이걸로 불을 붙일 수 있을 거야."

"오호, 이런 것도 있구나. 그런데 그냥 돌 두 개로 딱딱 치면 불붙는 거 아닌가? 하나는 쇠막대 같은데?"

"에이, 그런 건 아니야. 아빠 말로는 우선 쇠가 있어야 하고, 돌도 아무 돌이 아니라 부싯돌로 쓰는 돌이 따로 있다고 했어."

하늬가 고개를 끄덕였다.

"텔레비전에서 본 기억이 나. 석영이라는 돌이 있는데 그게 필요해. 웬만한 돌은 약해서 불꽃을 만든다고 딱딱 치다가는 부서질 수 있거든."

"조금만 뒤로 물러나 봐."

사이클론 왕자는 부싯돌과 쇠막대를 잡고 딱딱 쳤다. 그러자 불꽃이 튀었다.

"아하, 이렇게 불꽃이 튀는구나. 신기하네. 돌에 불이 붙는 거야?"

하늬가 고개를 저었다.

"에이, 아니지. 저렇게 딱 치면 쇠가 약간 깎이면서 아주 고운 가루가 만들어지는데, 쳤을 때의 마찰열이 쇳가루에 불을 붙이는 거야."

"오호, 철도 아주 고운 가루가 되면 불이 붙는구나. 그 쇠막대는 그냥 철로 만든 거야?"

"아니, 그렇지는 않아. 특별히 부싯돌로 쓰기 좋게 만든 거랬어. 보통 '파이어스틸'이라고 부른대."

"그럼 불붙는 철이라는 뜻인가? 그나저나 그 정도 불꽃만 튀어서는 불이 안 되잖아."

"그냥은 안 되고 이 불꽃을 불로 만들어 줄 ★ 불쏘시개가 필요해. 일단 마른 풀을 찢어서 잘 타게 만들어 보자."

장풍이가 마른 풀을 집어서 잘게 찢었다.

"자, 이제 가마에 놓고 불을 피워 볼까."

마른 풀을 불 때는 곳에 두고 사이클론 왕자는 부싯돌을 딱딱 쳐서 불꽃을 일으켰다. 불꽃이 몇 번 튀다가 마른 풀에 닿자 붉은빛

> ★ **불쏘시개**
> 불을 피울 때 불이 쉽게 옮겨 붙도록 먼저 태우는 물건. 마른 풀, 나뭇가지, 종이 등이 있다.

비례로 바람 왕국의 다섯 열쇠를 찾아라!

현대식 부싯돌 파이어스틸

파이어스틸은 불을 붙일 때 사용하는 금속 도구다. 보통 철, 세륨, 마그네슘 등을 섞어서 만들며, 쇠막대와 긁개가 한 쌍을 이루고 있다. 잘 타는 금속으로 이루어진 쇠막대를 긁개로 긁어 불꽃을 만든다. 주성분인 세륨이 철보다 훨씬 낮은 온도에서 불붙기 때문에 전통적인 부싯돌보다 사용하기가 쉽다.

ⓒ 위키백과

쇠막대와 긁개로 이루어진 파이어스틸.

을 내기 시작했다.

"좋아, 이제 불씨를 살려서……."

사이클론 왕자가 마른 풀을 조심스럽게 후후 불었다. 그러자 붉은빛이 더 선명해지더니 조그맣게 불이 피어오르기 시작했다.

"우와, 해냈어, 사이클론!"

"활활 타도록 마른 풀을 더 가져다줘."

장풍이가 마른 풀을 가져다가 불 주위에 놓자 불이 점점 더 커졌다. 사이클론 왕자는 만족스러운 표정으로 나뭇가지를 가져다 놓았다.

잠시 후, 나뭇가지에도 불이 붙고 가마에서 열이 나기 시작했다.

"자, 이제 모래시계가 다 됐네. 빵을 구울 시간이야."

하늬가 빵 반죽이 담긴 그릇을 가마로 가져왔다. 반죽이 처음보다 커져 있었다.

"우와, 아까보다 훨씬 커졌네? 신기하다!"

"효모가 반죽 안에서 발효했기 때문이야. 효모는 설탕을 알코올과 이산화탄소로 분해하거든. 그러면 이산화탄소 때문에 빵 안에 공기가 차서 구멍이 숭숭 뚫리지."

"아하, 그래서 빵을 찢으면 안에 구멍이 잔뜩 있구나."

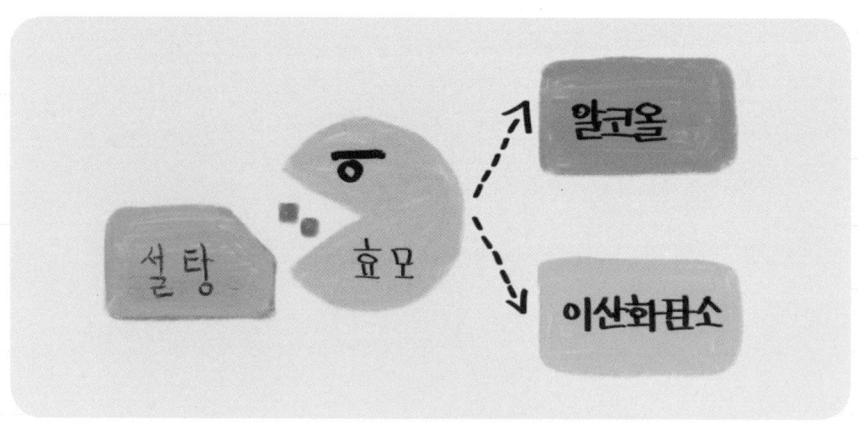

효모는 설탕을 알코올과 이산화탄소로 분해한다.

"반죽을 발효시키지 않고 구우면 빵이 딱딱하지만, 이렇게 발효시켜서 구우면 구멍 때문에 부드러워져."

"그런데 효모가 설탕을 이산화탄소랑 알코올로 분해한다고? 그럼 여기 술이 들어 있는 거야?"

빵 안의 구멍은 효모의 발효 때문에 생긴다.

"그렇다고 볼 수는 있는데 어차피 굽는 과정에서 다 날아가. 알코올은 끓는점이 물보다 훨씬 낮거든."

"아, 그렇구나."

"자, 얼른 빵을 구워 보자고. 모래시계를 세 번 뒤집을 동안 구워야 하니까 땔감도 좀 더 필요할 거야."

장풍이가 탁자에서 긴 주걱 같은 도구를 가져왔다.

"이거 텔레비전에서 본 것 같아. 여기다가 빵을 올려놓고 가마 안에 넣는 거지?"

"그래, 맞아. 가마 안은 뜨거우니까."

하늬가 반죽이 잘 떨어지도록 주걱 같은 도구의 큰 판 위에 밀가루를 조금 뿌린 다음, 빵 반죽을 올려놓았다. 장풍이는 가마에 반죽을 밀어 넣고서 도구만 쏙 빼냈다.

그리고 시간이 지났다. 장풍이 일행은 번갈아 가면서 땔감을 더

주워 왔고, 열매도 몇 개 더 따 왔다. 사이클론 왕자가 다래를 먹으면서 말했다.

"그런데 열매는 왜 달까? 꽃에 꿀이 있는 건 곤충이 꿀을 따면서 꽃가루를 묻혀 수정시키도록 하는 거잖아."

사이클론 왕자의 말에 하늬가 대답했다.

"열매도 나름의 번식을 위해서 그런 거지. 보통 열매 안에는 씨

식물은 달콤한 열매를 통해 다른 곳에 번식한다.

가 있잖아."

"응, 맞아."

"동물이 그걸 먹고 어딘가 다른 곳에서 똥을 눌 거 아니야. 씨는 소화가 잘 안 되기 때문에 똥과 함께 나올 거야. 그러면 씨앗이 다른 먼 곳에도 퍼질 수 있지."

"동물들이 맛있게 먹어 주어야 하니까 열매에서 단맛이 나는 거구나."

"그렇다고 볼 수 있지."

"잠깐, 그런데 고추도 안에 씨가 있는데 왜 그렇게 매워? 그걸 누가 먹는다고."

고추가 가진 매운맛은 맛이 아니라 통증이다.

"그건 매운맛을 못 느끼는 동물이 있거든."

"엥, 그래?"

"사실 매운맛은 맛이라기보다는 일종의 통증에 가까운 감각이야. 새 중에는 고추의 매운 성분을 먹어도 이를 전혀 느끼지 못하는 종들이 있대."

"매운맛을 못 느낀다고?"

"심지어 고추씨는 작고 약해서 웬만한 동물들은 다 소화시키는데 새들은 소화도 못 시키나 봐. 그래서 새만 먹을 수 있도록 매운맛이 생긴 거래."

"식물 나름대로 누가 먹어 줄지를 가리는 거구나."

"그래, 사람은 정말 별의별 맛을 다 느끼지만 대부분 동물은 사람만큼 맛을 잘 느끼지는 못해."

사이클론 왕자가 부러운 눈으로 하늬를 바라보았다.

"와, 하늬는 아는 게 정말 많구나. 나도 저렇게 공부 잘했으면 좋겠다."

"집에 있으면 늘 심심하니까. 책을 많이 봐서 그런 거야. 사이클론도 책 많이 보면 나보다 훨씬 똑똑해질걸?"

그러는 사이에 모래시계를 세 번 뒤집을 시간이 지났다.

"자, 이제 빵을 꺼내 보자고!"

장풍이가 다시 도구를 집어 들고 가마에 밀어 넣었다. 김이 모락모락 나고 먹음직스럽게 보이는 큼직한 빵이 끌려 나왔다.

"우와, 진짜 잘 만들어진 것 같다. 냄새도 끝내주네!"

사이클론 왕자가 커다란 빵을 조심스럽게 반으로 쪼갰다.

"엇, 열쇠다! 이제 네 개째야."

"이번에는 주황색이네. 정말 예쁘다."

사이클론 왕자는 은은한 주황빛을 내는 돌을 집어 들었다.

"이제 하나만 더 모으면 되지?"

"나머지 하나도 얼른 찾아서 왕국으로 돌아가야지."

"응, 고마워. 정말 너희가 아니었으면 하나도 못 찾았을 거야."

그때 장풍이가 소리쳤다.

"윽, 너무 짜!"

"장풍아, 빵 먹은 거야?"

"응, 맛은 있는데 소금이 너무 많나 봐. 그래도 배고프니까 좀 먹어야겠어."

사이클론 왕자가 빙긋 웃으면서 말했다.

"나는 물을 좀 떠 올게. 너희한테 맛있는 거라도 대접해야 하는데, 당장은 그럴 수가 없어서 미안하네."

QUIZS

빵의 탄력감이나 국수의 쫄깃함은 밀가루 안에 있는 특정 성분 때문이다. 단백질의 일종으로 이것이 얼마나 들어 있는지에 따라 밀가루를 강력분, 중력분, 박력분으로 나누며 용도도 달라진다. 이 성분은 무엇일까?

비례로 바람 왕국의 다섯 열쇠를 찾아라!

6 소금으로 내리게 하는 비

장풍이 일행은 다시 신비한 돌 앞에 모였다.

"마지막 열쇠는 어디서 찾아야 하지?"

신비한 돌 위로 또 다른 모양이 나타나기 시작했다.

"음, 이건 뭐지?"

"혹시 동물인가?"

모양이 점점 또렷해지자 셋은 함께 외쳤다.

"구름이네!"

"구름 속에 열쇠가 있다는 걸까?"

셋은 누가 먼저랄 것도 없이 하늘을 쳐다보았다. 하늘에는 여러 개의 구름이 둥실 떠 있었다.

"아까는 구름 한 점 없이 맑았는데 그새 구름이 생겼네."

"다른 구름들은 하얀 뭉게구름인데, 저 녀석은 굉장히 크고 길쭉하네. 꼭 구름으로 탑을 만든 것 같아, 그렇지?"

하늬의 말에 사이클론 왕자가 고개를 끄덕였다.

"아빠가 저런 구름이 생기면 소나기가 퍼부을 수도 있으니 조심하라고 말씀하셨어."

"저 구름 속으로 들어가서 열쇠를 찾으면 되는 건가?"

사이클론 왕자의 말에 장풍이가 맞장구쳤다.

"그런 것 같아. 네가 바람을 타고 날아갈 수 있잖아."

잠시 후, 모두 콩알만큼 작아져서는 사이클론 왕자가 만든 바람을 타고 구름을 향해 날아올랐다.

먹구름은 왜 거무스름할까?

하늘에 떠 있는 구름을 보면 뭉게구름은 하얗지만 먹구름을 거무스름하다. 똑같이 물방울이나 얼음 알갱이로 이루어져 있는데 왜 색깔이 다를까? 뭉게구름 속의 물방울이나 얼음 알갱이는 크기가 작아서 어떤 빛이든 잘 산란시킨다. 이 때문에 구름이 하얗게 보인다.

반면 먹구름은 뭉게구름에 비해 낮은 곳에서 생기는데 모양이 훨씬 두툼하고 넓다. 또 물방울이나 얼음 알갱이 크기가 좀 더 크다. 그래서 햇빛이 구름 속 입자들과 부딪치며 다른 곳으로 반사되고 적은 양만 땅으로 간다. 색이 거무스름한 이유는 이 때문이다.

먹구름이 끼면 대낮에도 어두워진다.

133

"정말 신기해. 우리가 이렇게 날 수 있다니!"

장풍이의 말이 끝나기 무섭게 일행은 구름 속으로 들어갔다. 구름 속은 마치 뿌연 안개와 같아서 앞이 거의 보이지 않았다.

"으, 아무것도 안 보여, 안 그래?"

다들 손발을 휘저으면서 뭔가 닿는 게 있나 찾으려고 했지만 아무것도 찾을 수가 없었다."

"좀 더 위로 올라가 보자."

하늬의 말에 사이클론 왕자는 다시 위로 올라가는 바람을 일으켰다.

"춥다. 아까보다 더 추워진 것 같아."

장풍이는 오싹한 느낌을 받았다. 하늬도 고개를 끄덕였다.

"그리고 좀 답답해. 숨을 쉬어도 숨이 차는 느낌이야."

"더 위로 올라가면 더 심해지지 않을까?"

하늬가 고개를 끄덕였다.

"이렇게 찾는 건 무리야. 일단 내려가는 게 좋겠어."

잠시 후, 장풍이 일행은 무사히 땅으로 내려온 후 원래 크기로 돌아왔다.

"땅에서 보면 솜사탕 같고 예쁠지 몰라도 다시는 구름 안에 들어가고 싶지 않아. 머리가 어지럽고 귀도 먹먹하고."

"나도 그래. 일단 잠깐 쉬자. 아까 어디까지 올라간 거지?"

하늬의 말에 사이클론 왕자가 답했다.

"저런 구름은 아래는 땅에서 2km 정도 높이고, 꼭대기는 10km 가 넘을 수도 있대. 우리는 아마 4km 정도까지 올라간 것 같아."

"책에서 봤는데 100m 올라갈 때마다 기온이 0.6℃ 정도씩 떨어진 다고 했어."

"우리가 4km, 그러니까 4000m를 올라갔으니……."

"100m에 0.6℃니까 $0.6 \times 40 = 24℃$. 24℃가 낮은 거야.

"으악, 그러니까 당연히 춥지. 지금 여기가 30℃라고 해도 24를 빼면 겨우 6℃였던 거잖아. 그럼 만약에 구름 꼭대기까지 올라간 다고 치면……."

"$0.6 \times 100 = 60℃$니까 여기가 30℃라면 10km 위는 $-30℃$가 되는 거지."

"뜨악! 거기까지 갔다가는 꽁꽁 얼어 죽고 말 거야. 그리고 높이 올라갈수록 숨까지 찬단 말이야."

장풍이의 말에 하늬가 고개를 끄덕였다.

"응, 위로 올라갈수록 공기 밀도가 낮아져서 숨을 쉴 때 들이마시는 산소의 양도 줄어들어."

"그건 높이에 따라서 어떻게 달라지는데?"

"5km 올라갈 때마다 대기압은 거의 반으로 낮아진다고 했어. 대기압이 낮아진다는 건 공기 밀도가 그만큼 낮아진다는 거야."

"그럼, 지금 여기 땅이 1기압이라면 5km 위는 0.5기압이고 10km 위에서는 얼마가 되는 거야?"

"0.5를 다시 반으로 나누면 0.25기압 정도가 되네. ★반비례 관계인 거지."

하늬는 나뭇가지로 땅바닥에 그림을 그렸다.

"공기 밀도가 낮아지는 만큼 산소 양도 줄어들어. 그래서 숨을 쉬어도 충분한 산소를 들이마실 수 없어서 숨이 차는 거야."

★ 반비례
한쪽의 양이 커질 때 다른 쪽의 양이 그와 같은 비로 작아지는 관계를 말한다.

"머리가 어질어질하고 귀가 먹먹한 것도?"

"응, 그렇지. 아무래도 올라가서 찾는 건 무리 같아."

"흠……."

장풍이가 구름을 물끄러미 바라보았다.

"그런데 말이야. 혹시 저 구름이 비가 된다면 구름이 없어지는

0.25 기압 ----------- 10Km

0.5 기압 ----------- 5Km

1 기압

5km 올라갈 때마다 대기압이 절반씩 낮아진다.

거 아니야?"

하늬가 고개를 끄덕였다.

"맞아, 땅의 수증기가 증발해서 하늘로 올라가다가 아주 작은 물방울이나 얼음이 돼서 뭉친 게 구름이니까."

사이클론 왕자도 고개를 끄덕였다.

"저 위는 기온이 여기보다 낮으니까 그럴 수 있겠네."

"하지만 기온이 낮아지는 것만으로는 안 돼. 위로 올라갈수록 기압이 낮아지기 때문에 구름이 생기는 거야. 아무리 추운 겨울이라도

137

비행기 안의 환경

비행기는 보통 땅 위로부터 9~12km 높이의 하늘을 난다. 비행기 바깥은 -50°C에 이를 정도로 엄청나게 춥고, 공기 밀도는 땅 위의 $\frac{1}{4}$, 습도는 0.001% 밖에 안 된다. 이 때문에 '여압 장치'를 사용해서 바깥 공기를 받아들인다.

바깥 공기는 제트엔진이 뿜어내는 열을 이용해 200°C까지 올려 세균과 바이러스를 모두 죽인 후, 적당한 압력과 온도로 조절해서 안으로 들여보낸다. 다만 습도는 10% 정도로 매우 건조하다. 그래서 비행기를 오래 타면 목이 쉽게 마르고 피부가 건조해진다. 또 압력이 땅보다 낮기 때문에 기압차가 생겨서 귀가 먹먹해질 수도 있다.

머리 바로 위에 구름이 생기지는 않잖아."

사이클론 왕자가 고개를 끄덕였다.

"아, 그렇구나."

장풍이가 무언가 생각났다는 듯이 입을 열었다.

"그러고 보니 구름 만드는 실험을 했던 게 생각나네."

"구름 만드는 실험? 그런 것도 있어?"

"응, 마개에 공기를 압축하는 펌프가 달린 페트병에 물을 조금 넣고, 마개를 닫은 다음에 펌프로 바깥 공기를 병 안에 밀어 넣는 거야. 그다음에 마개를 확 열면……."

"열면?"

하늬가 말을 받았다.

페트병 안의 공기를 압축한 후에 뚜껑을 열면 구름이 생긴다.

"안에 꽉 압축되어 있던 공기가 팽창하면서 공기 중의 수증기가 아주 작은 물방울이 돼. 그래서 병 안이 뿌옇게 변하지. 그게 바로 구름이야."

"그렇구나. 그런 실험이 있는 줄은 몰랐어."

"기체는 같은 조건에서 압력이 높아지면 온도가 올라가고, 압력이 낮아지면 온도가 내려가거든. 페트병을 막고 공기를 집어넣으면 압력이 올라가면서 온도가 높아져. 그러다가 마개를 열면 공기가 밖으로 빠져나가면서 압력이 확 낮아지고 온도도 낮아지지."

"이때 구름이 생기는구나?"

"응, 맞아. 온도가 이슬이 맺히는 온도보다 낮아지면서 공기 중의 수증기가 아주 작은 물방울로 변하는 거야."

사이클론 왕자가 고개를 끄덕였다.

"하늘 위에서는 고도가 높아지면 기압이 낮아져서 그런 거야?"

"응, 수증기가 하늘로 올라가면 점점 기압이 낮아져서 공기가 팽창하거든. 그러다가 이슬이 맺히는 온도보다 낮아지면 구름이 되지."

장풍이가 팔짱을 낀 채로 말했다.

"자, 그렇다면 저 구름을 비로 바꿀 수 있는 방법은 뭐가 있을까? 인공강우면 될 것 같은데."

"인공강우?"

"인위적으로 구름이 비를 내리도록 하는 걸 말해. 구름에다가 뭔가를 뿌리면 비를 내릴 수 있다고 하던데."

"뭔가를 뿌린다고?"

하늬가 생각났다는 듯 말을 이었다.

"응, 저 구름은 지금 아주 작은 물방울과 얼음 알갱이들이 둥둥 떠 있는 건데, 저것들이 뭉칠 수 있을 만한 것을 구름에다 뿌리면 돼. 거기에 물방울과 얼음 알갱이가 달라붙으면 무거워져서 아래로 떨어지지. 그게 바로 비야."

"와, 정말 신기하다."

"날이 춥지 않으면 아래로 떨어지면서 기온이 점점 올라가니까 비가 되는 거고, 추울 때는 물방울보다 얼음 알갱이가 많은 데다가

구름 속 물방울과 얼음 알갱이가 뭉칠 수 있도록 입자를 뿌려 주면 비가 내린다.

떨어지면서도 녹지 않아서 눈이 되는 거고."

사이클론 왕자가 고개를 끄덕였다.

"구름에 비 씨앗을 뿌려 주는 것과 비슷하네. 내가 바람을 타고 올라가서 구름에 뿌리면 될 것 같아. 뭘 뿌리면 좋을까? 흙이나 모래 같은 걸 뿌리면 될까?"

"글쎄, 인공강우에 그런 건 안 썼던 것 같은데. 교과서에 뭔가 쓰여 있었는데……."

장풍이의 말에 하늬가 학교에서 배운 것을 이야기했다.

"음, 드라이아이스랑 아이오딘화은."

"그런 게 여기 있을 리 없잖아."

"아, 참. 소금도 있어!"

"소금?"

"응, 뉴스에서 몇 번 봤는데 소금을 뿌려서 인공강우를 성공시킨 적이 있대."

"오호, 그렇다면?"

장풍이는 아까 빵집에서 본 소금을 떠올렸다.

"좋아, 내가 다녀올게!"

말을 마치기 무섭게 장풍이는 한달음에 뛰어갔다.

잠시 후, 장풍이는 숨을 헉헉 몰아쉬며 봉투 하나를 가지고 왔다.

"잘 찾아보니까 소금이 많이 들어 있는 봉투가 있더라."

그런데 하늬는 걱정스러운 표정이었다.

"왜 그래, 하늬야?"

"글쎄, 잘될까? 인공강우라는 건 사실 실패할 수도 있고, 성공해도 비의 양이 그렇게 많지는 않다고 했어. 정말 저 구름을 모두 비로 만들 수 있을까?"

"그래도 일단은 해 봐야지. 내가 올라가서 뿌리고 올게."

"우리도 같이 갈게."

"아니야, 너희한테 신세만 졌는걸. 구름 위는 너무 춥고 숨도 차잖아. 나는 그래도 견딜 만하더라고. 너희는 여기서 기다려. 얼른 다녀올게."

"그런데 작아진 다음에 이 봉투를 들고 올라가기에는 무겁지 않겠어?"

"할 수 없지. 여러 번 나눠서 뿌리는 수밖에."

사이클론 왕자는 몸을 작게 만든 다음, 가방에서 꺼낸 작은 봉투에 소금을 옮겨 담았다. 그리고 일행과 거리를 둔 후, 바람을 일으켜서 구름을 향해 날아갔다.

잠시 후, 사이클론 왕자가 돌아왔다.

"아직은 아무 일도 없어?"

장풍이와 하늬가 고개를 끄덕였다.

사이클론 왕자는 한숨을 쉬고 다시 소금을 담아서 날아올랐다. 하늬는 그 모습을 물끄러미 바라보며 말했다.

6. 소금으로 내리게 하는 비

"글쎄, 저런 식으로 정말 구름을 비로 바꿀 수 있을까?"

"뭐, 그래도 사이클론이 열심히 하잖아. 정성이 기특해서라도 비가 오겠지."

"그랬으면 좋겠다."

시간이 지나고 사이클론 왕자가 벌써 다섯 번째로 구름을 향해 날아올랐다.

"이제 소금을 반 정도 쓴 것 같은데."

"앞으로 기회는 다섯 번 정도 남았다는 이야기네."

다시 사이클론 왕자가 내려왔다. 지친 기색이 한눈에 보기에도 훤했다.

"사이클론, 많이 힘든 것 같은데. 좀 쉬었다가 하는 게 낫지 않아?"

사이클론 왕자는 고개를 가로저었다.

"시간이 많지 않아. 너희도 해 지기 전에 돌아가야 하잖아."

사이클론 왕자는 다시 소금을 담았다.

"돌개야, 왜 그래?"

갑자기 돌개가 구름을 바라보면서 짖기 시작했다.

"어?"

장풍이는 머리 위로 뭔가 똑 떨어지는 느낌을 받았다.

"어?"

하늬도 마찬가지였다.

"혹시⋯⋯."

장풍이가 하늘을 바라보자 한 방울, 두 방울, 뭔가가 떨어지고 있었다.

"비다! 비가 오기 시작했어."

"돌개가 비 냄새를 맡아서 짖은 건가? 아무튼 냄새 맡는 능력 하나는 끝내준다니까."

정말로 빗방울이 하나둘 떨어지더니 이내 후드득하며 비가 내리기 시작했다.

"이건 열심히 노력한 사이클론의 정성이 통한 거야."

장풍이의 말에 하늬가 고개를 끄덕였다.

6. 소금으로 내리게 하는 비

"그래, 정말 그런 것 같아."

그때였다. 하늘에서 뭔가 유난히 반짝이는 게 떨어져 내려오고 있었다.

"어, 저게 뭐지?"

그 반짝이는 것은 장풍이 일행이 있는 곳으로부터 조금 떨어진 풀밭에 툭 떨어졌다.

"혹시?"

돌개가 날쌔게 풀밭으로 달려가서 무엇인가를 물고 왔다. 노란 빛으로 반짝이는 돌이었다.

"우아, 드디어 다섯 개를 다 모았어! 이제는 성문을 열 수 있을 거야."

"빨리 가서 성문을 열자. 우리도 사이클론이 무사히 돌아가는 걸 보고 얼른 집으로 돌아가야지."

QUIZ 6

비가 내린 양은 강우량, 눈이 내려서 쌓인 양은 적설량, 이 눈을 녹였을 때의 양을 강설량이라고 한다. 그렇다면 강우량과 강설량을 모두 통틀어서 무엇이라고 부를까?

비례로 바람 왕국의 다섯 열쇠를 찾아라!

에필로그

"저기가 우리 왕국의 성이야."

사이클론 왕자가 가리키는 곳은 숲 위에 우뚝 서 있는 산이었다.

"저건 산이잖아?"

"저 산 바로 아래에 성이 있어. 지금은 숲에 가려져서 잘 안 보이지만 말이야."

꽤 먼 거리임에도 장풍이 일행은 한달음에 뛰어서 성 앞에 다다랐다. 성은 크진 않았지만 벽돌로 단단하게 담을 쌓아 놓았다. 성문은 굳게 닫혀 있었고, 그 옆 벽에는 동그란 돌판이 달려 있었다.

"자, 여기다가 열쇠를 넣으면 되는 건데."

장풍이가 고개를 갸우뚱했다.

"열쇠는 다섯 개인데 왜 꽂는 곳은 하나뿐이지?"

사이클론 왕자도 어리둥절한 표정이었다.

"아빠가 그새 장치를 바꿔 버렸나?"

"단단히 골탕 먹이려고 하시나 본데?"

하늬가 히죽 웃었다. 사이클론 왕자의 얼굴이 빨개졌다.

비례로 바람 왕국의 다섯 열쇠를 찾아라!

"일단 열쇠를 하나 꽂아 볼게."

첫 번째 열쇠를 둥근 돌판에 꽂자, 열쇠가 빛을 내면서 스르륵 사라졌다. 그리고 돌판에 180°이라는 숫자가 나타났다.

"180°이니까 각도라는 이야기네. 혹시 이 돌판을 돌려야 하는 거 아닐까?"

장풍이 말에 사이클론 왕자는 돌판에 손바닥을 대고 돌려보았다. 정말로 돌판이 돌아갔다.

"그런데 정확히 180°를 돌리려면 어떻게 해야 하나?"

하늬가 종이를 꺼냈다.

"자, 일단은 열쇠 꽂는 곳을 위쪽 꼭대기로 돌려놓고."

사이클론 왕자가 말대로 하자 하늬는 돌판에 종이를 대었다.

"이 돌판에 중심점이 표시되어 있으니까 여기까지 돌리면 돼."

사이클론 왕자는 하늬의 말대로 돌판을 180°로 돌린 다음 두 번째 열쇠를 꽂아 넣었다. 그러자 두 번째 열쇠가 빛을 내더니 스르륵 사라지고 270°이라는 숫자가 표시되었다.

"이번에는 270°구나. 원이 360°니까 시계 방향으로 90°, 180°, 270°, 이런 식으로 각도를 매길 수 있어. 그럼 이것도 간단하네."

장풍이가 고개를 끄덕였다.

이제 세 번째 열쇠를 꽂을 차례였다. 270°로 돌려놓은 돌판 구멍에 열쇠를 꽂자, 마찬가지로 열쇠는 빛을 내더니 스르륵 사라졌다.

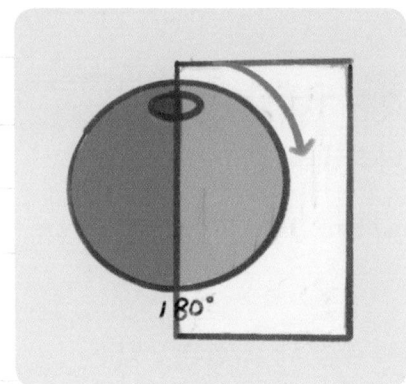

이번에 표시된 숫자는 45°였다.

"45°네. 이제 이 종이로는 안 되는 거 잖아."

장풍이가 종이를 물끄러미 바라보다가 뭔가 생각났다는 듯 종이를 접었다.

"이렇게 종이를 접으면 직각삼각형이 만들어지잖아. 게다가 빗변을 빼고 두 변의 길이가 같으니 위쪽과 오른쪽의 각은 똑같아. 삼각형 세 각의 합은 항상 180°니까."

사이클론 왕자가 고개를 끄덕였다.

"아하. 180°에서 직각인 90°를 빼면 90°가 남으니까, 나머지 두 각은 90을 2로 나눈 45°구나."

하늬가 신난다는 듯이 고개를 끄덕였다. 사이클론 왕자는 45°가 되도록 돌판을 돌린 후, 네 번째 열쇠를 꽂았다. 그러자 열쇠가 다시 빛을 내더니 사라졌다.

"자, 이제 열쇠가 하나 남았다!"

"이번에는 45°의 반, 그러니까 22.5°가 나오려나?"

"그럼 종이를 한 번 더 접으면 되겠어."

그런데 돌판에 나타난 숫자는 330°였다.

"윽, 330°?"

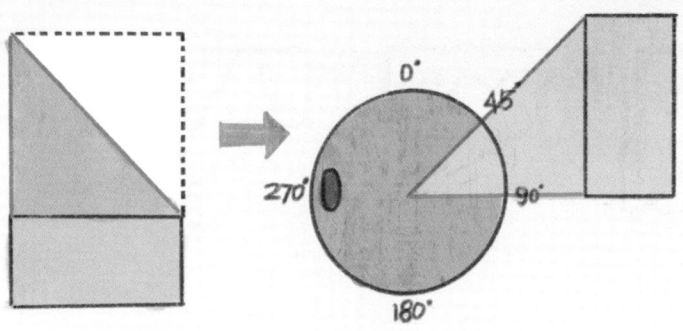

직사각형으로 두 변의 길이가 같은 직각삼각형을 만들 수 있다.

"360에서 330을 빼면 30이니까. 위쪽 꼭대기를 기준으로 하면 왼쪽으로 30°네."

하늬의 말에 사이클론이 뜨악한 표정을 지었다.

"90°를 3으로 나누면 30°잖아. 90°를 어떻게 3등분을 하지?"

사이클론 왕자가 난감한 표정을 지었다. 하늬는 종이를 앞뒤로 돌려보면서 골똘히 생각했다.

"학교에서 뭔가 비슷한 걸 배운 것 같은데……."

장풍이도 맞장구를 쳤다.

"종이로 각도기 만드는 놀이를 했잖아."

그때 하늬가 "아!" 하고 소리치더니 종이를 접기 시작했다.

"이렇게 하면 말이야. 3등분이 된 것 같지 않아?"

"글쎄, 보기에는 그런 것 같은데 정확한 걸까?"

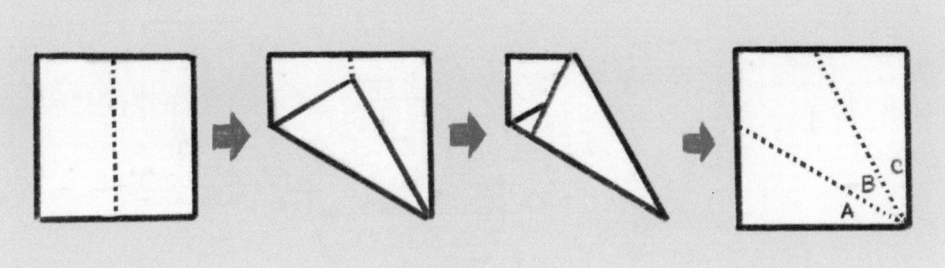

A, B, C의 각은 모두 30°로 같다.

"정확해! 다시 접으면 오른쪽 아래 세 개의 각이 모두 딱 맞잖아."

"정말 그렇네. 90°를 3등분해서 30°를 만든 거잖아. 그럼 양쪽 두 삼각형은 똑같은 거 아니야?"

"그렇겠지. 세 꼭짓점의 각도가 하나는 90°, 하나는 30°, 그럼 나머지 하나는 60°일 거고."

"게다가 밑변 길이까지 똑같으니까, 이 두 삼각형은 분명히 ★합동일 거야."

"자, 빨리 마지막 열쇠를 꽂아 보자!"

사이클론 왕자가 돌판을 돌린 후, 마지막 열쇠를 꽂아 넣었다. 마지막 열쇠도 빛을 내더니 이내 사라졌다. 갑자기 끼익하는 둔하고 무거운 소리가 들렸다.

"우아, 성문이 열리고 있어!"

장풍이와 하늬가 환호성을 지르면서 손뼉을 쳤다. 정말로 성문

> **★ 합동**
> 두 도형이 크기와 모양이 같아 포개었을 때 꼭 맞는 것을 말한다.

비례로 바람 왕국의 다섯 열쇠를 찾아라!

이 조금씩 열리고 있었다. 문틈 사이로 안이 보였는데, 뭔가 커다란 것이 가로막고 있는 느낌이었다.

"어? 아, 아빠!"

사이클론 왕자가 깜짝 놀라서 소리쳤다. 문 뒤에는 체구가 큰 사람이 있었는데 화려한 옷에 왕관을 쓰고 엄한 표정으로 서 있었다.

"저기 저분이 네 아빠, 그러니까 바람 왕국의 왕이야?"

장풍이가 사이클론 왕자에게 물었다. 사이클론 왕자는 침을 꿀꺽 삼키며 고개를 끄덕였다.

"응, 우리 아빠 허리케인 왕이셔."

그때 덩치 큰 남자가 입을 열며 낮고 묵직한 목소리로 말했다.

"사이클론, 너무 늦었구나. 이렇게 오래 걸릴 줄은 몰랐는데. 그리고 이 아이들은 또 누구냐."

"그게……. 제가 바람에 휩쓸려 멀리 날아갔을 때 만난 친구들이에요. 열쇠 찾는 걸 도와주겠다고 해서……."

"문제는 혼자서 풀어야지! 그리고 이 숲에 외부인은 들이지 말라고 하지 않았느냐!"

갑자기 허리케인 왕이 큰소리를 치는 바람에 모두 깜짝 놀랐다.

"죄송해요, 아빠. 이 친구들이 정말로 절 도와주려고 하는 것 같아서 그만……."

"이유가 그게 다냐?"

"사실 혼자서 문제를 풀 수 있을지 자신이 없기도 했고요……."

"그러니까 평소에 공부를 열심히 했어야지! 공부도 제대로 안 하고 놀기만 했으니 자신감이 없지."

"잘못했어요, 아빠."

그때 장풍이가 입을 열었다.

"저기, 뭐라고 불러야 하나. 사이클론 아빠? 아니, 임금님! 저도 그렇지만 원래 어린이들은 다 그렇잖아요."

"뭐라고?"

"어릴 때야 당연히 놀고 싶죠. 공부를 열심히 하는 것도 중요하지만 마음껏 놀고 몸이 튼튼해지는 것도 중요하잖아요. 저는 도시에 살아서 방학 때에만 할머니 댁에 오는데, 산속에서 하늬랑 신나게 뛰어노는 게 정말 좋다고요. 도시에는 그럴 만한 데가 없어요."

하늬도 거들고 나섰다.

"이번에 단단히 혼이 났으니까 사이클론도 정신 차리고 전보다 열심히 공부하겠죠."

굳은 표정으로 바라보던 허리케인 왕이 갑자기 껄껄 웃음을 터뜨렸다.

"허허허, 이런 당돌한 녀석들 같으니라고. 내가 무섭지 않으냐?"

"좀 무섭긴 한데……. 그래도 제 말이 맞잖아요. 놀면서도 배울 게 많을 거예요, 이렇게 멋진 숲속이라면."

"맞아요, 이런 곳이라면 동물이나 식물, 여러 가지 자연 현상도 많이 배울 수 있죠."

다시 한번 허리케인 왕이 껄껄 웃음을 터뜨렸다.

"허허허, 사이클론!"

"네, 아빠."

바짝 얼어붙은 사이클론 왕자에게 허리케인 왕이 빙긋이 미소를 지었다.

"어떻게 만난 건지는 몰라도 아주 좋은 친구들이구나."

"네?"

"내 앞에서 저렇게까지 네 편을 들어 주다니. 너한테 그만한 친구가 있었니?"

"그, 그건 그래요. 다들 아빠를 무서워하기만 했죠."

"외부인을 끌어들인 것은 잘못이지만 널 정말로 열심히 도와준 좋은 친구를 만났으니, 내 이번만큼은 특별히 용서해 주마."

"휴. 아빠, 고마워요. 앞으로는 정말 더 열심히 공부할게요. 이번에 제가 모자란 게 많다는 걸 정말로 많이 느꼈거든요."

"보세요. 놀면서도 배우는 게 있어요. 공부를 해야겠다고 느낀 것만큼 큰 공부가 어디 있어요."

장풍이의 말에 다시 한번 허리케인 왕이 껄껄 웃었다.

"아무튼 너희에게는 많이 고맙구나. 못난 아들을 정말로 열심히 도와줘서 고마워. 안으로 들여서 저녁이라도 대접하고 싶지만, 미안하게도 이 왕국 안으로는 외부인이 절대 들어올 수 없단다. 그게 바람 왕국의 법이야."

"네? 아니에요. 저녁은 집에 가서 먹어야죠. 늦으면 엄마, 아빠가 걱정하실 거예요."

장풍이의 말에 하늬도 고개를 끄덕였다.

"그러게, 시간이 많이 흘렀네. 우리도 얼른 집으로 돌아가야겠다. 사이클론, 네가 우리를 보내 줄 거지?"

"당연하지, 날 믿고 여기까지 와 줬는데 무사히 돌려보내야지. 대신 이런 곳이 있다는 거 다른 사람한테 절대 이야기해서는 안 돼, 알았지?"

장풍이가 사이클론 왕자의 어깨에 손을 얹으면서 말했다.

"전혀 걱정할 거 없어. 이야기해 봤자 아무도 믿지도 않을 테니 말이야. 그런 말을 하면 오히려 이상하게 볼 거야."

"혹시…… 다시 만날 수 없는 거니?"

하늬의 말에 사이클론 왕자가 흠칫했다.

"아마도 그렇지 않을까. 다만……."

"다만?"

"아빠가 허락해 준다면 가끔 바람을 타고 날아가서 볼 수 있을지도 몰라."

"글쎄다. 바깥세상으로 자주 나가는 것은 좋지 않아. 앞으로 공부도 열심히 하고, 마법 연습도 열심히 한다면 생각해 보마."

허리케인 왕이 갑자기 장풍이와 하늬 앞에 손을 내밀었다. 손 위에는 목걸이 두 개가 있었다.

"그래도 여기까지 와서 사이클론을 도와줬는데 그대로 보낼 수는 없지. 자, 이 목걸이를 받아라."

장풍이와 하늬는 목걸이를 하나씩 받아서 목에 걸었다. 목걸이에 달린 돌에서 은은한 빛이 났다.

"이 목걸이는 다른 사람들이 차면 평범한 목걸이지만 너희가 차면 특별해진단다. 내가 작은 마법을 하나 걸어 두었어."

"마법이요?"

"너무 더울 때 이 목걸이를 꼭 쥐고 빌면 시원한 바람이 불어올 거야."

"우아, 마법의 선풍기네요."

"그런 셈이지. 자, 이제는 헤어져야 할 시간이구나. 더 늦으면 해가 지고 말 거야."

사이클론 왕자가 장풍이와 하늬의 손을 꼭 잡았다.

"정말 고마워. 잠깐이었지만 너무 큰 신세를 졌어."

"아니야. 우리도 정말 재미있었어. 언젠가는 꼭 다시 볼 날이 있겠지?"

사이클론 왕자가 고개를 끄덕였다.

"열심히 노력할게. 다시 만날 날이 있을 거야."

사이클론 왕자는 목걸이를 잡고 눈을 감았다. 장풍이와 하늬, 돌개는 바람의 숲에 왔을 때처럼 작아졌다.

"잠깐, 집에 도착했을 때는 다시 커져야 하잖아."

"그러게, 그땐 누가 다시 원래대로 돌려놓지?"

허리케인 왕이 껄껄 웃었다.

"그건 걱정 마라. 도착하면 원래 크기로 돌아갈 수 있도록 내가 마법을 걸어 둘 테니까. 내가 그래도 사이클론보다는 마법 능력이 한참 위 아니겠니. 자, 그럼!"

어디선가 바람이 불기 시작하더니 장풍이 일행이 둥실 뜨기 시작했다.

"와우, 또 날아가는구나. 사이클론, 잘 지내고 다음에 꼭 다시 보자. 안녕!"

"응, 그래. 너희도 잘 가!"

"사이클론을 도와줘서 고맙다. 잘 가거라!"

"안녕히 계세요!"

하늘로 솟아오른 장풍이 일행은 아래를 향해서 손을 흔들었고, 사이클론 왕자와 허리케인 왕도 손을 흔들어 작별 인사를 했다. 셋은 집을 향해서 날아갔다.

"엄마, 저 왔어요!"

장풍이가 집으로 뛰어 들어오면서 소리쳤다. 엄마 얼굴이 활짝 펴졌다.

"하루 종일 놀다 왔구나. 조금만 더 늦었으면 해가 질 뻔했어."

"히히. 오랜만에 산속에서 신나게 놀았더니 시간 가는 줄도 몰랐네. 죄송해요."

"그런데 그 목걸이는 뭐니? 못 보던 건데?"

"아, 이, 이거요? 하늬가 선물이라며 주더라고요."

아빠가 대화에 끼어들었다.

"그래? 하늬가 너 좋아하는 거 아니니?"

"에이, 우린 그냥 친구예요, 친구! 배고파요, 빨리 밥 주세요."

"안 그래도 바깥 평상에 밥 차리는 중이었어. 더우니까 바깥에서 먹자꾸나."

잠시 후, 장풍이네는 평상에 둘러앉아 저녁을 먹었다. 마침 할머니가 닭백숙을 맛있게 만들어 주셨다.

"오늘 뭐 하고 놀았니?"

"산에서 여기저기 돌아다녔어요. 연못도 보고 물고기도 보고……."

"연못?"

엄마가 깜짝 놀랐다. 아빠도 눈이 휘둥그레졌다.

"여기 물고기가 사는 연못이 있다고?"

순간 장풍이는 당황했다.

"예? 아, 아니 무슨 연못이 산에 있겠어요? 돌아다니다 보니까 그런 연못 하나쯤 있으면 좋겠다고 생각한 거죠."

할머니가 고개를 끄덕였다.

"그래, 여기에 수십 년을 살았지만 연못을 봤다는 이야기는 한 번도 못 들었다. 그나저나 저녁인데도 좀 덥구나."

"그러게요. 해가 질 때면 보통 시원한데 오늘은 좀 덥네요. 여기가 이럴 정도면 서울은 얼마나 더울까."

그때였다. 어디선가 바람이 불어오기 시작했다. 강하지 않은 산들바람이었지만 더위를 날려 주기에 충분한 바람이었다.

"야, 바람 참 시원하다. 꼭 에어컨 틀어 놓은 것처럼 시원하네."

"역시 여긴 참 시원하고 좋은 곳이에요. 장풍아, 뭐 해? 배고프다면서. 어서 먹어야지."

"아, 알았어요. 엄마."

장풍이는 다시 수저를 들면서 혼자 씩 웃었다. 이 바람이 어디서 온 건지. 그건 장풍이와 하늬만 아는 비밀!

QUIZ 1 양력

물체를 지구 중심으로 잡아당기는 힘을 중력이라고 하는데, 반대로 물체를 위로 띄우는 힘을 양력이라고 한다. 양력은 물체 위쪽에서 흐르는 공기의 속도가 아래쪽에서 흐르는 공기의 속도보다 빠를 때 생겨난다.

비행기 날개는 앞으로 빠르게 나아갈 때 날개 위에 흐르는 공기의 속도가 더 빨라지도록 만들어져 있다. 양력은 속도가 빨라질수록 더욱 강해지는데, 활주로에서 비행기가 점점 빠르게 달리면서 양력이 충분히 강해지면 하늘로 뜨게 된다.

QUIZ 2 은행나무

은행나무는 겉보기에 넓은 잎을 가진 활엽수이지만 실제로는 침엽수로 분류된다. 과학적으로 침엽수, 활엽수를 나눌 때에는 여러 기준이 있다. 그중 하나로 씨앗이 겉으로 드러나면 침엽수, 씨방 안에서 씨앗이 만들어지면 활엽수로 구분한다. 은행나무는 씨앗이 겉으로 드러나기에 침엽수로 구분된다.

또 나무를 잘라 현미경으로 세포를 살펴보면 은행나무는 마치 벌집 모양으로 빽빽하게 세포가 들어차 있는 모습을 보이는데 이는 침엽수의 특징과 같다. 엄밀히 말하면 은행나무는 침엽수도 활엽수도 아닌 별도의 종으로 분류해야 하지만 활엽수보다는 침엽수의 특징을 더 많이 가지고 있기 때문에 침엽수로 분류한다.

QUIZ 3 장풍이 두 바퀴, 돌개 세 바퀴

돌개가 한 바퀴를 돌 때 장풍이는 $\frac{2}{3}$ 바퀴를 돈다. 돌개가 두 바퀴를 돌 때 장풍이는 $\frac{2}{3} + \frac{2}{3} = \frac{4}{3}$ 바퀴를 돈다. 돌개가 세 바퀴를 돌 때 장풍이는 $\frac{4}{3} + \frac{2}{3} = \frac{6}{3}$, 즉 두 바퀴를 돌아서 둘은 출발 지점에서 만나게 된다.

QUIZ 4 꽃의 위치

벌의 생태를 연구한 공로로 1973년에 노벨 생리의학상을 받은 오스트리아 동물학자 카를 폰 프리슈는 벌의 춤에 대해서도 많은 연구를 했다. 그 결과, 벌의 8자 춤은 다른 벌들에게 꽃이 있는 방향과 거리를 알려 준다는 사실을 밝혀냈다.

벌이 직선으로 날아가면서 엉덩이를 흔들 때, 선의 방향은 꽃이 있는 방향을 가리키며 엉덩이를 흔드는 시간은 꽃이 있는 곳까지의 거리를 뜻한다. 이는 1초에 약 1km라고 알려진다.

QUIZ 5 글루텐

글루텐은 물에 녹지 않는 성질을 가진 단백질이다. 밀가루에 물을 붓고 반죽을 하면 글루텐이 활성화되어 탄력 있고 쫄깃한 식감을 낸다. 글루텐이 얼마나 들어 있는지에 따라 밀가루를 구분하고 용도도 달리한다.

글루텐이 많이 들어 있으면 강력분, 중간 정도 들어 있으면 중력분, 적게 들어 있으면 박력분으로 나눈다. 강력분은 빵을 만들 때 사용하고, 중력분은 라면이나 국수 같은 면을 만들 때 사용하며, 박력분은 케이크, 과자, 튀김을 만들 때 사용한다.

QUIZ 6 강수량

강수량은 비, 눈, 우박 등 구름에서 땅에 떨어진 모든 물의 양을 뜻한다. 어떤 지역이나 나라의 기후를 설명할 때 1년 평균 강수량이나 월별 강수량이 중요한 정보 가운데 하나인데, 비, 눈을 모두 물의 양으로 표현할 수 있기 때문이다.

융합인재교육(STEAM)이란?

수학·과학 교육의 새로운 패러다임

"지구는 둥근 모양이야!"라고 말한다면 배운 것을 잘 이야기할 수 있는 학생입니다.

"지구가 둥글다는 것을 어떻게 알게 되었나요?"라고 질문한다면, 그리고 그 답을 스스로 생각해 보고 궁금증에 대한 흥미를 느낀다면 생활 주변에서 배우고 성장할 수 있는 학생입니다.

미래 사회는 감성과 창의성으로 학문의 경계를 넘나드는 융합형 인재를 필요로 합니다. 단순히 지식을 주입하는 데 그치지 않고 '왜?'라고 스스로 묻고 찾아볼 수 있어야 합니다.

미국, 영국, 일본, 핀란드를 비롯해 여러 선진국에서 수학과 과학

166

의 융합 교육에 힘쓰고 있습니다. 우리나라에서도 창의 융합형 과학기술 인재 양성을 위해 교육부에서 융합인재교육(STEAM) 정책을 추진하고 있습니다.

융합인재교육은 과학(Science), 기술(Technology), 공학(Engineering), 예술(Arts), 수학(Mathematics)을 실생활에서 자연스럽게 융합하도록 가르칩니다.

'수학으로 통하는 과학' 시리즈는 융합인재교육 정책에 맞춰, 학생들이 수학과 과학에 대해 흥미를 갖고 능동적으로 참여하며 스스로 문제를 정의하고 해결할 수 있도록 도와주고 있습니다.

스스로 깨치는 교육! 수학과 과학에 대한 흥미와 이해를 높여 예술 등 타 분야와 연계하고, 이를 실생활에서 직접 활용할 수 있도록 하는 것이 진정으로 살아 있는 교육일 것입니다.

20 수학으로 통하는 과학

비례로 바람 왕국의
다섯 열쇠를 찾아라!

ⓒ 글 황덕창, 2020
ⓒ 그림 최희옥, 2020

초판 1쇄 인쇄일 2020년 11월 26일
초판 1쇄 발행일 2020년 12월 7일

지은이 황덕창
그린이 최희옥
펴낸이 정은영
편집 김정택, 최성휘, 정사라 **디자인** 서은영, 김혜원
제작 홍동근 **마케팅** 이재욱, 최금순, 오세미, 김하은, 김경록, 천옥현

펴낸곳 |㈜자음과모음
출판등록 2001년 11월 28일 제2001-000259호
주소 04047 서울시 마포구 양화로6길 49
전화 편집부 (02)324-2347, 경영지원부 (02)325-6047
팩스 편집부 (02)324-2348, 경영지원부 (02)2648-1311
이메일 jamoteen@jamobook.com
블로그 blog.naver.com/jamogenius

ISBN 978-89-544-4546-7(44400)
       978-89-544-2826-2(set)

이 도서의 국립중앙도서관 출판시도서목록(CIP)은 서지정보유통지원시스템
홈페이지(http://seoji.nl.go.kr)와 국가자료공동목록시스템(http://www.nl.go.kr/kolisnet)에서
이용하실 수 있습니다.(CIP제어번호: CIP2020047787)